Analyse und Modellierung der Dämpfungseigenschaften von Spindellagern

Analysis and Modeling of the Damping Characteristics of Spindle Bearings

Von der Fakultät für Maschinenwesen
der Rheinisch-Westfälischen Technischen Hochschule Aachen
zur Erlangung des akademischen Grades eines
Doktors der Ingenieurwissenschaften
genehmigte Dissertation

vorgelegt von

Tobias Andre Motschke

Berichter/in:

Univ.-Prof. Dr.-Ing. Christian Brecher
Univ.-Prof. Dr.-Ing. Michael Zäh

Tag der mündlichen Prüfung: 13. Dezember 2022

Diese Dissertation ist auf den Internetseiten der Universitätsbibliothek online verfügbar.

ERGEBNISSE AUS DER PRODUKTIONSTECHNIK

Tobias Motschke

Analyse und Modellierung der Dämpfungseigenschaften von Spindellagern

Herausgeber:
Prof. Dr.-Ing. T. Bergs
Prof. Dr.-Ing. Dipl.-Wirt. Ing. G. Schuh
Prof. Dr.-Ing. C. Brecher
Prof. Dr.-Ing. R. H. Schmitt

Band 9/2023

Fraunhofer IPT

Bibliografische Information der Deutschen Nationalbibliothek
Die Deutsche Nationalbibliothek verzeichnet diese Publikation in der Deutschen Nationalbibliografie; detaillierte bibliografische Daten sind im Internet über https://portal.dnb.de abrufbar.

Tobias Motschke:

Analyse und Modellierung der Dämpfungseigenschaften von Spindellagern

1. Auflage, 2023

Gedruckt auf holz- und säurefreiem Papier, 100% chlorfrei gebleicht.

Apprimus Verlag, Aachen, 2023
Wissenschaftsverlag des Instituts für Industriekommunikation und Fachmedien an der RWTH Aachen
Steinbachstr. 25, 52074 Aachen
Internet: www.apprimus-verlag.de, E-Mail: info@apprimus-verlag.de

Druck: CPI Druckdienstleistungen GmbH, Ferdinand-Jühlke-Straße 7 I 99095 Erfurt

ISBN 978-3-98555-148-4

D 82 (Diss. RWTH Aachen University, 2022)

Vorwort

Die vorliegende Arbeit entstand während meiner Zeit als wissenschaftlicher Mitarbeiter in der Abteilung Maschinentechnik am Lehrstuhl für Werkzeugmaschinen am Werkzeugmaschinenlabor WZL der RWTH Aachen.

Mein besonderer Dank gilt meinem Doktorvater, Herrn Professor Christian Brecher, der mir diese Arbeit ermöglichte. Seine fachlichen Anregungen sowie sein Vertrauen trugen maßgeblich zum Gelingen dieser Arbeit bei. Ebenfalls bedanke ich mich bei Herrn Professor Michael Zäh für die Übernahme des Koreferates und die eingehende Durchsicht meiner Dissertation sowie die sich daraus ergebende konstruktive Kritik. Herrn Professor Kneer danke ich für die Übernahme des Vorsitzes meines Promotionsverfahrens.

Meinen Kollegen am Institut, dem Technikerteam und den aktuellen und ehemaligen Kollegen der Abteilungen Maschinentechnik und Maschinendatenanalyse, danke ich für die gute Zusammenarbeit, Unterstützung und Freundschaft. Mein ganz persönlicher Dank gilt dabei meinen ehemaligen Bürokollegen Alexander Steinert und Christian Bergs für die gemeinsamen Abende und Wochenenden im Büro sowie Florian Kneer und Andreas Bartelt, die mit entsprechendem Freizeitprogramm stets für Ablenkung sorgten. Ganz besonderer Dank gilt auch Hans-Martin Eckel, der mir durch seine Unterstützung viele Stunden Programmierarbeit ersparte und immer wertvolle fachliche Anregung zu meinen Themen lieferte. Darüber hinaus bedanke ich mich bei den Oberingenieuren Dr. Marcel Fey und Stephan Neus für die Schaffung des Freiraumes zur Fertigstellung dieser Arbeit. Ebenfalls danken möchte ich meinen studentischen Hilfskräften Michael Schneppenhorst und Nico Spieles, die insbesondere durch ihren Einsatz beim Durchführen von umfangreichen Messreihen zum Gelingen dieser Arbeit beigetragen haben.

Ganz besonderer Dank gilt meinen Eltern und Großeltern, die mich immer und in allen Lebenslagen uneingeschränkt unterstützen und damit das Entstehen dieser Arbeit von grundauf erst ermöglicht haben. Der größte Dank gilt meiner Frau Lisa und meinen Töchtern Lilli und Frieda, die in den letzten Jahren viele Stunden auf mich verzichten mussten und an den wenigen freien Tagen für die notwendige Abwechslung sorgten.

Trebur, im Februar 2023 Tobias Motschke

Kurzzusammenfassung

Rechnerbasierte Simulationen von technischen Systemen sind aus dem modernen Ingenieurwesen nicht mehr wegzudenken. Insbesondere bei der Betrachtung kritischer Betriebszustände sind sie ein elementarer Bestandteil der Risikoabschätzung, da Experimente oftmals kostenintensiv sind und nur in überschaubarem Umfang durchgeführt werden können. Nahezu allen Simulationsmethoden ist gemein, dass sie auf ein Mindestmaß von Eingangsparametern angewiesen sind. In der Simulation strukturdynamischer Systeme sind es oft Steifigkeiten und Dämpfungen, die mit Unsicherheiten behaftet sind. Die Mechanismen, die zur Dämpfung von Schwingungen führen, können zum Teil nur durch hochkomplexe Modelle beschrieben werden, sodass Aufwand und Nutzen nicht im Verhältnis zueinander stehen. Daher werden vereinfachte Modelle benötigt, welche nur die relevanten Betriebsbereiche abdecken. In mechanischen Systemen sind es oft Koppelelemente, die hauptsächlich für das Dämpfungsverhalten eines Systems verantwortlich sind. Zu diesen Koppelelementen gehören Wälzlager. Da diese nach wie vor in der strukturdynamischen Simulation von Hauptspindelsystemen eine der größten Unsicherheitsfaktoren darstellen, widmet sich die vorliegende Arbeit der Erforschung der Dämpfung von Spindellagern. Im ersten von insgesamt drei Teilen wird basierend auf der elastohydrodynamischen Kontakttheorie ein Dämpfungsmodell für den einzelnen Wälzkontakt abgeleitet. Hierbei wird insbesondere der Betriebsbereich moderner Spindellager bis hin zu hohen Drehzahlen betrachtet. Es erfolgen ein systematischer Aufbau des theoretischen Versuchsraums und die Lösung der Reynoldsgleichungen für den zweidimensionalen Fall inklusive der Kopplung mit dem diskretisierten elastischen Halbraum. Aus den Simulationsergebnissen wird ein theoretisches Modell der Spindellagerdämpfung abgeleitet. Der Schwerpunkt des zweiten Teils liegt auf der experimentellen Untersuchung des Dämpfungsverhaltens. Hierzu wird als erstes der Einfluss der Passfuge zwischen Wälzlageraußenring und Gehäuse auf das Dämpfungsverhalten untersucht. Darauf folgt die Untersuchung verschiedener Spindellagertypen unter Drehzahl. Den Abschluss des Teils bildet der qualitative Vergleich der Versuchsergebnisse mit einem Simulationsmodell, dessen Dämpfungsparametrierung auf Basis der Ergebnisse aus dem ersten Teil erfolgt. Im dritten Teil der Arbeit werden die Ergebnisse der vorhergehenden Teile angewandt, um das Verhalten eines industriellen Hauptspindelsystems zu prognostizieren. Die Prognose wird anschließend mithilfe experimenteller Untersuchungen quantitativ bewertet. Es folgt eine kritische Bewertung der Ergebnisse sowie eine Ableitung weiterer Forschungsbedarfe auf Basis der gewonnenen Erkenntnisse.

Brief Summary

Computer-based calculations of technical systems have become an indispensable part of modern engineering. Especially when considering critical operating conditions, they are an elementary component of risk assessment, since experiments are often expensive and can only be carried out on a reduced scale. Almost all simulation methods have in common that they depend on a minimum set of input parameters. In the simulation of structural dynamics, it is often stiffnesses and dampings that are subject to uncertainties. However, especially the mechanisms leading to the damping of vibrations can sometimes only be described in such a complex way that effort and benefit are not in proportion to each other. Therefore, simplified models are needed, which cover only the relevant operating ranges. In mechanical systems, it is often coupling elements that are mainly responsible for the damping behavior of a system. One such coupling element is rolling bearings. Since they still represent one of the largest uncertainty factors in the structural dynamic simulation of main spindle systems, the present work is dedicated to the investigation of the damping of spindle bearings. In the first of a total of three parts, a damping model for individual rolling contacts is derived based on elastohydrodynamic contact theory. In particular, the operating range of modern spindle bearings up to very high speeds is considered. A systematic setup of the theoretical experimental space and the solution of the Reynolds equations for the two-dimensional case including the coupling with the discretized elastic half-space are given. A theoretical model of spindle damping is derived from the simulation results. The focus of the second part is on the experimental investigation of the damping behavior. To this end, the influence of the fitting joint between the rolling bearing outer ring and housing on the damping behavior is investigated first. This is followed by the investigation of different spindle bearing types under speed. The conclusion of the part is a qualitative comparison of the test results with a simulation model, whose damping parameterization is based on the results from the first part. In the third part of the thesis, the results of the previous parts are applied to predict the behavior of an industrially used main spindle system. The prediction is quantitatively evaluated with the help of extensive experimental investigations of the spindle system. This is followed by a critical evaluation of the results and a derivation of further research needs based on the findings.

Inhaltsverzeichnis

Abbildungsverzeichnis

Tabellenverzeichnis

Formelzeichen und Abkürzungsverzeichnis

Formula symbols and List of Abbreviations

Abkürzung	**Beschreibung**
EHD	elastohydrodynamisch
DMS	Dehnungsmessstreifen
DoE	Versuchsplanung (eng.: Design of Experiment)
FEM	Finite Elemente Methode
TCP	Tool Center Point
IR	Innenring

Nomenklatur	**Bedeutung**
x	Skalar
$\underline{x}$	Vektor
$\boldsymbol{X}$	Matrix
$\angle G$	Phasengang einer komplexen Übertragungsfunktion
$\|G\|$	Amplitudengang einer komplexen Übertragungsfunktion
δ	Präfix für infinitesimale Werte
x^T	transponierte Größe
$\hat{x}$	Amplitude einer zeitabhängigen Größe
$\dot{x}$	einwertige Ableitung nach der Zeit
$\ddot{x}$	zweiwertige Ableitung nach der Zeit
$\underline{0}$	Nullvektor
1	Einheitsmatrix

Lat. Symbole	**Bedeutung**	**Einheit**	**Definition**
a	Halbachse des Hertz'schen Kontakts	m	
$a_{i/ij}$	Regressionskoeffizienten	-	
B	Halbachse des Hertz'schen Kontakts	m	

Lat. Symbole	Bedeutung	Einheit	Definition
$\boldsymbol{B}^{(m)}$	Matrix der Ansatzfunktionen der Elementverzerrungen	-	
d	viskose Dämpfungskonstante des Einmassenschwingers	$\mathrm{N\,s\,m^{-1}}$	
D	Lehr'sches Dämpfungsmaß	-	
$\boldsymbol{D}$	Dämpfungsmatrix	$\mathrm{N\,s\,m^{-1}}$	
E	E-Modul	$\mathrm{N\,m^{-2}}$	
E_{diss}	dissipierte Energie	J	
E'	reduzierter E-Modul	$\mathrm{N\,m^{-2}}$	
$\mathcal{E}$	Ergebnis des ersten elliptischen Integrals	-	
$\boldsymbol{E}$	Spannungs-Dehnungs-Materialmatrix	$\mathrm{N\,m^{-2}}$	
f	Frequenz	Hz	
$\underline{f}_{x,y,\alpha}$	Kraftbilanz am Wälzkörper	N	
$\underline{f}_B$	Vektor der Volumenkräfte	N	
$\underline{f}_S$	Vektor der Oberflächenkräfte	N	
$\underline{f}_C$	Vektor der konzentriert angreifenden Kräfte	N	
F	Kraft	N	
F_{F_i,s_i}	Haupteffekt	-	
F_{F_i,F_j,s_i,s_j}	Nebeneffekt	-	
$f(t)$	zeitvariante Erregerkraft	N	
f_j	Gesamtgleichungssystem des EHD-Kontakts	-	
$f_{p,i_x i_y j}$	auf die Reynoldsgleichung bezogener Teil des EHD Gleichungssystems	-	
$f_{\Delta,i_x i_y j}$	auf die Elastizitätsgleichung bezogener Teil des EHD Gleichungssystems	-	
f_{h0}	auf die Starrkörperbewegung bezogener Teil des EHD Gleichungssystems	-	
$F(\rho)$	Hilfsgröße zur Bestimmung der Hertz'schen Kontaktellipse	-	
F_N	Kontaktnormalkraft	N	
F_V	Lagervorspannkraft	N	
$\mathcal{F}$	Ergebnis des zweiten elliptischen Integrals	-	
$g(t)$	zeitvariante Koppelstellenkraft	N	
G	Moes-Parameter des EHD-Kontakts	-	

Lat. Symbole	Bedeutung	Einheit	Definition
H	dimensionslose Schmierfilmhöhe im EHD-Kontakt	-	$H = \frac{hR_K}{ab}$
H	Übertragungsfunktion	m	
H_c	dimensionslose zentrale Schmierfilmhöhe	-	
$\boldsymbol{H}^{(m)}$	Matrix der Ansatzfunktionen der Elementverlagerungen	-	
i_x	Nummerierung des diskreten EHD Kontakts in x-Richtung	-	
i_y	Nummerierung des diskreten EHD Kontakts in y-Richtung	-	
j	Nummerierung des Zeitschritts	-	
$\boldsymbol{J_f}$	Steifigkeitsmatrix des Wälzkörpers	$\mathrm{N\,m^{-1}}$	
k	Steifigkeitskonstante des Einmassenschwingers	$\mathrm{N\,m^{-1}}$	
k	Iterationschritt des Newton-Raphson-Verfahrens	-	
$\boldsymbol{K}$	Steifigkeitsmatrix	$\mathrm{N\,m^{-1}}$	
$\widetilde{\boldsymbol{K}}$	modale Steifigkeitsmatrix	-	
$K_{i_x,i_{x'}/i_x i_{x'},i_y i_{y'}}$	Kontaktsteifigkeit im diskretisierten Kontakt (Linie/Punkt)	m	
L	Moes-Parameter des EHD-Kontakts	-	
m	Masse des Einmassenschwingers	kg	
M	Moment	N m	
$\boldsymbol{M}$	Massenmatrix	kg	
$\widetilde{\boldsymbol{M}}$	modale Massenmatrix	-	
n	Drehzahl	$\mathrm{min^{-1}}$	
p	Druck im Hertz'schen Kontakt	$\mathrm{N\,m^{-2}}$	
p_H	maximaler Druck im Hertz'schen Kontakt	$\mathrm{N\,m^{-2}}$	$p_H = \frac{3F_N}{2\pi ab}$
$\underline{p}_{i_x/i_x,i_y}$	Druck im diskretisierten Kontakt (Linie/Punkt)	m	
P	dimensionsloser Druck	-	$P = \frac{p}{p_H}$
$\underline{q}_i$	i-ter Eigenvektor zugehörig zum Eigenvektor λ_i	i	
$\boldsymbol{Q}$	Matrix der Eigenvektoren	-	
r_K	Radius des Wälzkörpers	m	
r_L	Radius der Laufbahn	m	

Lat. Symbole	Bedeutung	Einheit	Definition
R'	reduzierter Krümmungsradius des Hertz'schen Kontakts	m	
S	Fläche	m^2	
S_{xx}	Autoleistungsdichte des Signals $x(t)$	-	
S_{xy}	Kreuzleistungsdichte der Signale $x(t)$ und $y(t)$	-	
t	Zeit	s	
T	Messzeit	s	
T	dimensionslose Zeit	-	$T = \frac{tu_m}{a}$
$\underline{u}$	virtueller Verlagerungsvektor	m	
u, u_m	(Mittlere) Geschwindigkeit im Kontakt	$m\,s^{-1}$	
U	Moes-Parameter des EHD-Kontakts	-	
V	Volumen	m^3	
W	Moes-Parameter des EHD-Kontakts	-	
W_σ	intern, durch Spannungen verrichtete Arbeit	J	
W_a	durch extern angreifende Kräfte verrichtete Arbeit	J	
x	Koordinate in x-Richtung	m	
X	dimensionslose x-Koordinate des EHD-Kontakts	-	$X = \frac{x}{a}$
X_m	Hilfsgröße für den diskretisierten Kontakt	m	
X_p	Hilfsgröße für den diskretisierten Kontakt	m	
$X(\Omega)$	Fouriertransformation des Verlagerungsvektors x	m	
$\widetilde{X}(\Omega_k)$	Diskrete Fouriertransformation des Verlagerungsvektors x	m	
Y	dimensionslose x-Koordinate des EHD-Kontakts	-	$Y = \frac{x}{b}$
Y_m	Hilfsgröße für den diskretisierten Kontakt	m	
Y_p	Hilfsgröße für den diskretisierten Kontakt	m	
y	Koordinate in y-Richtung	m	
z	Koordinate in z-Richtung	m	
z_j	Lösungsvektor der EHD-Gleichung im Zeitschritt j	-	

Gr. Symbole	Bedeutung	Einheit	Definition
$\alpha_{0,i,a}$	Druckwinkel nominell/innen/außen	rad	
α	Drehung um x-Achse	rad	
α_p	Druck-Viskositäts-Exponent	GPa^{-1}	
β	Drehung um y-Achse	rad	
γ	Drehung um z-Achse	rad	
$\underline{\delta}_{i_x/i_x,i_y}$	Verlagerung im diskretisierten Kontakt (Linie/Punkt)	m	
δ	Verlagerung des Hertz'schen Kontakts	m	
Δ	elastische Deformation des EHD Kontakts	m	
$\underline{\varepsilon}$	Verzerrungsvektor	-	
η	Verhältnis zwischen Erreger- und Resonanzfrequenz beim Einmassenschwinger	Pa s	
η	Viskosität des Schmierstoffs	Pa s	
κ	allgemeine Dämpfungskonstante	-	
κ	Verhältnis der Halbachsen der Hertz'schen Kontaktellipse	-	
λ_i	i-ter Eigenwert zugehörig zum Eigenvektor $\underline{q}_i$	-	
$\overline{\lambda}$	Dimensionsloser Hilfsparameter des EHD-Kontakts	-	$\overline{\lambda} = \frac{12 u_m \eta_0 R_w^2}{p_H a^3}$
Λ	Penalisierungsfaktor zur Vermeidung von negativen Druckzuständen	-	
μ	Reibungskoeffizient	-	
ρ	Dichte	$\mathrm{kg\,m^{-3}}$	
ρ	Krümmung	m^{-1}	
$\boldsymbol{\sigma}$	Spannungsmatrix	$\mathrm{N\,m^{-2}}$	
ω_0	Eigenkreisfrequenz	$\mathrm{rad\,s^{-1}}$	
ω	Dämpfungsfaktor des Newton-Raphson-Verfahrens	-	
Ω	Kreisfrequenz	$\mathrm{rad\,s^{-1}}$	
Φ	Schmiegung	-	
ψ	strukturelle Dämpfungskostante	-	
ϑ	Temperatur im Wälzkontakt	K	
ξ	Poisson-Zahl	-	
ξ	EHD Hilfsgröße	-	$\xi(P,H) = \frac{\overline{\rho}(P) H^3}{\overline{\eta}(P)\overline{\lambda}}$

1 Einleitung

Introduction

In der Regel beginnen ingenieurwissenschaftliche Dissertationsschriften mit der Einordnung des Dissertationsthemas in das große Ganze, meist mit der Relevanz des ausgewählten Themas für den Wirtschaftsstandort Deutschland. Eine solche Relevanz abzuleiten fällt beim Thema der Dämpfung in Wälzlagern jedoch schwer und falls sie vorhanden ist, so ist sie verschwindend gering. Aus ingenieurwissenschaftlicher Sicht ist sie jedoch durchaus ein relevantes Thema, was nicht zuletzt dadurch deutlich wird, dass Heerscharen von Berechnungsingenieuren und -ingenieurinnen verlässliche Dämpfungswerte für die Simulation von dynamischen Systemen fehlen und dies in der praktischen Anwendung der Simulationstechnik auch eine der größten Unsicherheiten bei der quantitativen Bewertung schwingungstechnischer Systeme ist. Auch die seit den 1980er Jahren immer wieder neu initiierten Forschungsprojekte, mit der Zielsetzung, Dämpfungswerte für verschiedenste Arten von Maschinenelementen und Fügestellen zu berechnen, experimentell zu bestimmen oder abzuschätzen, bestätigen das weiterhin bestehende Interesse an diesem Themenkomplex.

Für bestimmte Maschinenelemente, beispielsweise Gleitlager, sind diese Vorhaben gelungen und es bestehen mittlerweile hinreichend verlässliche Modelle zur Abschätzung der Dämpfung. Für andere Maschinenelemente hingegen müssen sich Ingenieure und Ingenieurinnen weiterhin zu großen Teilen auf Erfahrungswerte verlassen, die teils zu guten, teils zu weniger guten Ergebnissen führen. Eines dieser Maschinenelemente ist das Wälzlager, für das es aufgrund komplexer physikalischer Zusammenhänge und sehr großer möglicher Betriebsbereiche nach wie vor offene Fragen zu beantworten gilt. Eine dieser Fragen ist die nach dem Dämpfungsverhalten, zu dem bisher nur sehr wenige Publikationen existieren. Im Bereich hoher bis höchster Drehzahlen gibt es bisher überhaupt keine Erkenntnisse zu diesem Thema. Ein weiteres Problem in diesem Kontext ist auch die stetige Weiterentwicklung von Maschinenelementen, die grundsätzlich natürlich zu begrüßen ist, jedoch nach ein paar Jahren dazu führt, dass Untersuchungen die zum Zeitpunkt der Entstehung dem Stand der Technik entsprechen, schnell an Aktualität verlieren. Demnach ist auch nach der Entwicklung funktionierender Modelle stetig zu überprüfen, ob diese für erweiterte Betriebsbereiche weiterhin gültig sind. Diese Problematik fällt bei der Behandlung von Wälzlagern besonders ins Gewicht, da sich durch Entwicklungen in der Werkstoff- und Schmierungstechnik die realisierbaren Leistungsdichten zum Teil deutlich gesteigert haben.

Eine weitere Motivation für diese Arbeit ist, dass es zwar an komplexen Modellen nicht fehlt, vielmehr jedoch an der Verfügbarkeit einfacher Modelle, die keine besonders hohe Rechenleistung erfordern und die sich einfach in bestehende Systemmodelle integrieren lassen. Hier ist es vor allem Aufgabe der universitären Forschung, komplexes Fachwissen in vereinfachte Modelle zu überführen, den Industrieunternehmen für die praktische Anwendung zur Verfügung zu stellen und in beratender Funktion die Umsetzung zu begleiten.

Aus den oben genannten Gründen leistet diese Arbeit einen Beitrag zum Verständnis der wirkenden Dämpfungseffekte in Wälzlagern, zu den Möglichkeiten von und den Anforderungen an deren Modellierung sowie zu Ansätzen, diese experimentell zu überprüfen. Das Ziel ist es, ein aussagekräftiges und in seiner Anwendung möglichst einfaches Dämpfungsmodell bereitzustellen, zu analysieren und seine Eignung für die praktische Anwendung zu bestätigen.

Introduction

As a rule, engineering dissertation papers begin by placing the dissertation topic in the "big picture", usually with the relevance of the selected topic for Germany as a business location. However, it is difficult to derive such relevance for the topic of damping in rolling bearings, and if it exists, it is vanishingly small. From an engineering point of view, however, it is certainly a relevant topic, which is made clear not least by the fact that legions of calculation engineers lack reliable damping values for the simulation of dynamic systems and that in the practical application of simulation technology this is also one of the major uncertainties in the quantitative evaluation of vibration engineering systems. The research projects initiated since the 1980s with the aim of calculating, experimentally determining or estimating damping values for various types of machine elements and joints also confirm the continuing interest in this field of topics.

For certain machine elements, such as plain bearings, these projects have been successful and reliable models for estimating damping are now available. For other machine elements, however, engineers still have to rely to a large extent on empirical values, which sometimes lead to good results but also to those of lower quality. One of these machine elements is the rolling bearing, for which there are still open questions to be answered due to complex physical relationships and very large possible operating ranges. One of these questions is that of damping behavior, on which very few publications exist to date. In the range of high to very high speeds, there is as yet no knowledge at all on this subject. Another problem in this context is the constant further development of machine elements, which is of course to be welcomed in principle, but after a few years leads to the fact that investigations which correspond to the latest state of the art at the time of their development quickly lose their actuality. Accordingly, even after the development of functioning models, it must be constantly checked whether they are still valid for extended operating ranges. This problem is particularly important in the treatment of rolling bearings, since developments in materials and lubrication technology have significantly increased the achievable power densities in some cases.

Another motivation for this work is that, while there is no lack of complex models, there is rather a lack of availability of simple models that do not require particularly high computing power and that can be easily integrated into existing system models. Here, it is primarily the task of university research to transfer complex expertise into simplified models, to make them available to industrial companies for practical application, and to accompany their implementation in an advisory capacity.

For the reasons mentioned above, this work contributes to the understanding of the damping effects acting in rolling bearings, to the possibilities of and the requirements for their modeling, and to approaches to verify them experimentally. The aim is to provide and analyze a meaningful damping model that is as simple as possible in its application and to confirm its suitability for practical use.

2 Stand der Technik und Forschung

State of the art and research

Die Hauptspindel bildet in spanenden Werkzeugmaschinen einen Kernteil des gesamten mechatronischen Systems. Da sie für die zur Zerspanung von Bauteilen notwendige Drehbewegung des Werkzeugs verantwortlich ist, wird den Anforderungen an ihre Robustheit und Maßhaltigkeit eine besonders hohe Bedeutung zugemessen. Über die im Kraftfluss befindliche Spindellagerung werden die Prozesskräfte in die restliche Struktur eingeleitet. Dadurch ist sie als Bindeglied zwischen Prozess und restlicher Maschinenstruktur ein wichtiges Subsystem, welches mit der Güte des Bearbeitungsergebnisses in Zusammenhang steht.

Neben der Anbindung der Hauptspindel an die Werkzeugmaschinenstruktur sind die Spindellager ein entscheidender Faktor für die statische und dynamische Steifigkeit am Tool Center Point (TCP). Hinsichtlich der dynamischen Steifigkeit bestimmen sie zusammen mit den Masseverhältnissen die Lagen der Resonanzfrequenzen der Spindel sowie deren auftretende Schwingungsformen. Auch die Weiterleitung der Schwingungen in die Maschinenstruktur wird durch sie beeinflusst. Während für die Bestimmung der Steifigkeit von Spindellagern bereits vielfach erprobte Theorien sowie Berechnungsalgorithmen existieren, sind die Ingenieurwissenschaften eine einheitliche, über weite Betriebsgrenzen gültige Formulierung für die Dämpfungseigenschaften bisher schuldig geblieben. Neben dem Einfluss auf die dynamische Verlagerungsantwort am TCP ist wenig über den Einfluss von Schwingungen auf die Lebensdauer von Spindellagern bekannt. Beispielsweise wird in [GAAD15] festgestellt, dass Schwingungsanregungen zunächst keine Auswirkungen auf einen frühzeitigen Lagerausfall haben. Dennoch fallen weiterhin Hauptspindellagerungen aus zum Teil unbekannten Gründen und trotz dauerfester Auslegung aus. Weiterhin ist bekannt, dass der Schmierfilm des Wälzlagers unter hohen Schwingungslasten abreißen kann, die Lager dadurch heiß laufen und schließlich beschädigt werden können. Gerade in der Schwerzerspanung müssen von der Spindellagerung hohe Kräfte mit zum Teil hohen Frequenzen, bedingt durch Drehzahl und Schneidenanzahl, von der Lagerung aufgenommen werden. Die von den Wälzlagern eingebrachte Dämpfung hat hierbei einen entscheidenden Einfluss auf die Höhe der auftretenden dynamischen Lagerlasten, da sie der Haupteinflussfaktor für die vorherrschende Reduktion der Resonanzamplitude ist. Insgesamt wird durch die genannten Punkte klar, dass die Modellierung von Spindellagern ein für alle Bereiche, die eine mathematische Beschreibung der Spindellager erfordern, inhärent wichtiger Teilaspekt ist.

Da das Thema *Dämpfung von Wälzlagern* ein Teilbereich der Maschinendynamik ist, stellt das folgende Kapitel zunächst die wichtigsten Grundlagen dynamischer Systeme allgemein und im Kontext der Werkzeugmaschinenhauptspindel heraus und fasst diese zusammen. Dazu zählen zunächst die allgemeinen Grundlagen zur Berechnung dynamischer Systeme und darauf aufbauend die Steifigkeitsberechnung von Wälzlagern sowie der Einfluss des Schmierfilms und dessen Berechnung. Danach erfolgt eine Zusammenfassung der Forschungsarbeiten, die sich dem Thema Wälzlagerdämpfung widmen. Den Abschluss des Kapitels bilden die Grundlagen der messtechnischen Untersuchung dynamischer Systeme sowie der zu ihrer Beschreibung notwendigen Kenngrößen.

2.1 Berechnungsgrundlagen dynamischer Systeme

Fundamentals of the calculation of dynamic systems

Das dynamische Verhalten von Hauptspindelsystemen unterscheidet sich zunächst nicht von anderen mechanischen Systemen. Im Kontext der maschinendynamischen Betrachtungsweise, lassen sie sich, wie die meisten mechanischen Systeme, durch mathematische Zusammenhänge beschreiben und das zu erwartende Verhalten prognostizieren. Grundsätzlich geschieht dies über Bewegungsgleichungen, die in ihrer ursprünglichen Form aus der Mechanik Newtons folgen und mithilfe von Differentialgleichungen 2. Ordnung beschrieben werden. Als einfachstes Beispiel dient hier die Gleichung des Einmassenschwingers:

$$m\ddot{x} + d\dot{x} + kx = F(t). \tag{2.1}$$

Hierbei sind m die Masse, d die Dämpfungskonstante, k die Steifigkeitskonstante und F die zeitvariante, anregende Kraft. Oftmals wird die Bewegungsgleichung auch in der massenormierten Form

$$\ddot{x} + 2D\omega_0\dot{x} + \omega_0^2 x = \frac{1}{m}F(t) \tag{2.2}$$

formuliert, da diese eine direkte Verbindung zu den in der Strukturdynamik wichtigen Größen ω_0 und D herstellt. Dabei ist ω_0 die Eigenkreisfrequenz und D das Lehr'sche Dämpfungsmaß.

Anhand von Gleichung 2.2 lassen sich die wichtigsten Eigenschaften dynamischer Systeme ableiten. Durch Transformation dieser Gleichung in den Bildbereich und Bildung des Verhältnisses von Antwort zu Anregung kann die komplexwertige Übertragungsfunktion

$$G(j\Omega) = \frac{1}{-\Omega^2 + j2D\Omega\omega_0 + \omega_0^2} \tag{2.3}$$

berechnet werden. In Abbildung 2.1 sind Amplitudengang (2.1a) und Phasengang (2.1b) des Einmassenschwingers, die beide aus der Übertragungsfunktion bestimmt werden können, exemplarisch mit verschiedenen Dämpfungsmaßen dargestellt. Dabei ist η das Verhältnis von Eigenkreisfrequenz zu Anregungsfrequenz. Ist die Anregungsfrequenz gleich der Eigenfrequenz bilden sich, in Abhängigkeit der Dämpfung, unterschiedliche Amplitudenüberhöhungen aus. Im ungedämpften Fall wird die Amplitude unendlich hoch. Dieser Fall stellt auch für die Praxis den kritischsten Fall dar, wenngleich in realen Systemen immer ein minimales Maß an Dämpfung vorhanden ist, sodass die Amplituden begrenzt bleiben. Der Fall $D = \sqrt{2}/2$ beschreibt den Zustand kritischer Dämpfung die zur vollständigen Dämpfung der Schwingung führt.

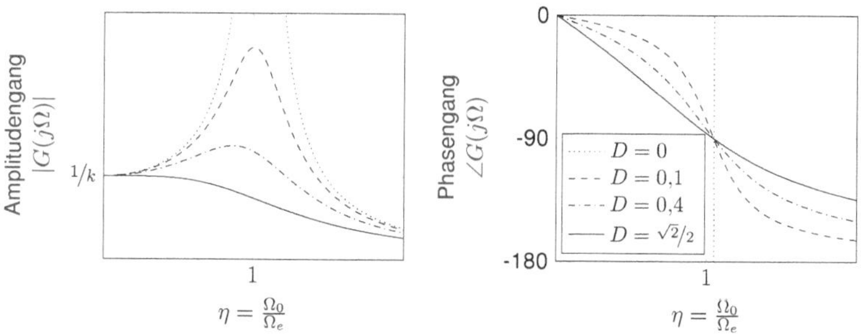

(a) Amplitudengang

(b) Phasengang

Abbildung 2.1: Frequenzabhängiges Verhalten eines Einmassenschwingers
Frequency-dependent behaviour of a single-mass oscillator

Im Allgemeinen lassen sich auch deutlich komplexere Systeme durch Bewegungsgleichungen beschreiben. Abhängig von Größe und Komplexität sind die resultierenden Gleichungssysteme nicht mehr durch analytische Methoden handhabbar. Die hierfür genutzten, numerischen Methoden sind schon lange aus einer Reihe von Publikationen bekannt, werden jedoch erst seit

Mitte der 60er Jahre in größerem Umfang angewandt. Ihren Durchbruch im Bereich der Strukturmechanik hatten sie beginnend mit der Entwicklung der Digitaltechnik [LIVE67]. Eine der Methoden, die die Ingenieurwissenschaften nachhaltig geprägt hat, ist die Methode der Finiten Elemente (FEM). Für mechanische Problemstellungen lassen sich die betreffenden Bewegungsgleichungen z. B. nach dem Prinzip der virtuellen Verlagerung ableiten. Ausgehend von der Annahme, dass in einem beliebigen mechanischen System ein Gleichgewicht zwischen intern und extern geleisteter Arbeit besteht, gilt nach [BATH02]:

$$\underbrace{\delta W_\sigma}_{\text{interne Arbeit}} - \underbrace{\delta W_a}_{\text{externe Arbeit}} = 0. \tag{2.4}$$

Die in Gleichung 2.4 enthaltenen Terme sind wie folgt zu deuten:

$$W_\sigma = \int_V \delta\underline{\varepsilon}^T \boldsymbol{\sigma} dV \tag{2.5}$$

$$\boldsymbol{\sigma} = \boldsymbol{E}\underline{\varepsilon} \tag{2.6}$$

Gleichung 2.5 beschreibt die Arbeit infolge der im inneren des Körpers wirkenden Spannungen σ und virtuellen Verzerrungen $\delta\varepsilon$. Dabei ist E die Spannungs-Dehnungs-Materialmatrix. Die äußere Arbeit

$$W_a = \int_V \delta\underline{u}^T \underline{f}_B dV + \int_S \delta\underline{u}_S^T \underline{f}_S dS + \sum_i \delta\underline{u}_i^T \underline{f}_C^i \tag{2.7}$$

enthält die angreifenden externen Lasten auf den Körper infolge der Volumenkräfte $\underline{f}_B$ und Oberflächenkräfte $\underline{f}_S$ sowie die konzentriert an einem Punkt angreifenden Kräfte $\underline{f}_C$. Für den Fall dynamischer Belastungen muss die Bilanz der äußeren Arbeit um die Einflüsse der Trägheits- und Dämpfungskräfte erweitert werden, weshalb

$$\underline{f}_{B,dyn} = \underline{f}_B - \rho\ddot{\underline{u}} - \kappa\dot{\underline{u}} \tag{2.8}$$

gilt. Dabei ist ρ die Dichte und κ ein Dämpfungsparameter. Da letzterer in der Regel nicht bekannt ist, wird dieser Term für gewöhnlich vernachlässigt und die Dämpfung anderweitig berücksichtigt. Diesem Thema wird in Abschnitt 2.4 ein eigenes Kapitel gewidmet.

Zur Lösung der Gleichungen werden im Fall komplexer Geometrien approximierende Funktionen benötigt. Die in Gleichung 2.4 zusammengefasste Formulierung für die verrichtete Arbeit gilt sowohl global für einen gesamten Körper als auch für ein einzelnes finites Element, welches zur Approximation des Gesamtkörpers genutzt wird. Der Übergang zum Finite-Elemente-Gleichungssystem erfolgt durch die elementbezogene Schreibweise. Der Verlauf der Verschiebungen u und Verzerrungen ε muss mit Hilfe mathematischer Funktionen dargestellt werden. Diese Funktionen werden Ansatzfunktionen genannt und können zunächst ungeachtet ihrer tatsächlichen Form und des Elementtyps für ein Element m durch

$$\delta \underline{u}^{(m)}(x,y,z) = \boldsymbol{H}^{(m)}(x,y,z)\delta\underline{\widehat{U}} \tag{2.9}$$

$$\delta \underline{\varepsilon}^{(m)}(x,y,z) = \boldsymbol{B}^{(m)}(x,y,z)\delta\underline{\widehat{U}} \tag{2.10}$$

dargestellt werden. Dabei ist $\boldsymbol{H}^{(m)}$ die Interpolationsmatrix der Verlagerung von Element m und $\underline{\hat{U}}$ der zugehörige Vektor der drei globalen Verlagerungskomponenten x, y und z. Durch Einsetzen der Ansatzfunktionen 2.9 und 2.10 in 2.4 bis 2.8 erhält man die Matrixgleichung der Finite-Elemente-Methode. Die Gleichungen bleiben dabei bis auf die zusätzliche Summation über alle Elemente gleich und werden damit unter Vernachlässigung der Schwerkraft und jeglicher angreifender Flächenkräfte zu

$$\begin{aligned}\hat{U}^T &\left[\sum_m \int_{V^{(m)}} \boldsymbol{B}^{(m)T}\boldsymbol{E}^{(m)T}\boldsymbol{B}^{(m)} dV^{(m)}\right] = \\ &\hat{U}^T \left[\sum_m \int_{V^{(m)}} \boldsymbol{H}^{(m)T}\left[\underline{f}_B^{(m)} - \rho^{(m)}\boldsymbol{H}^{(m)}\underline{\ddot{x}} - \kappa^{(m)}\boldsymbol{H}^{(m)}\underline{\dot{x}}\right] dV^{(m)}\right].\end{aligned} \tag{2.11}$$

Um das mit Gleichung 2.11 korrespondierende Matrixgleichungssystem zu erhalten, wird das Prinzip der virtuellen Verschiebungen angewandt, indem jedem Knoten virtuelle Einheitsverschiebungen aufgeprägt werden. Durch Zusammenfassung der Integrale in Gleichung 2.11 ergeben sich die Matrizen

$$\boldsymbol{M} = \sum_m \int_{V^{(m)}} \rho^{(m)} \boldsymbol{H}^{(m)T} \boldsymbol{H}^{(m)} dV^{(m)}, \tag{2.12}$$

$$\boldsymbol{K} = \sum_m \int_{V^{(m)}} \boldsymbol{B}^{(m)T} \boldsymbol{E}^{(m)T} \boldsymbol{B}^{(m)} dV^{(m)} \tag{2.13}$$

und

$$\boldsymbol{C} = \sum_m \int_{V^{(m)}} \kappa^{(m)} \boldsymbol{H}^{(m)T} \boldsymbol{H}^{(m)} dV^{(m)}. \tag{2.14}$$

Diese Matrizen sind als Massenmatrix $\boldsymbol{M}$, Steifigkeitsmatrix $\boldsymbol{K}$ und, sofern energiedissipierende Mechanismen im System berücksichtigt werden, die Dämpfungsmatrix $\boldsymbol{C}$ bekannt. In vereinfachter Form ergibt sich Gleichung 2.11 zu

$$\boldsymbol{M}\underline{\ddot{x}} + \boldsymbol{D}\underline{\dot{x}} + \boldsymbol{K}\underline{x} = \underline{F}(t). \tag{2.15}$$

Die Massenmatrix $\boldsymbol{M}$, die Dämpfungsmatrix $\boldsymbol{D}$ und die Steifigkeitsmatrix $\boldsymbol{K}$ müssen abhängig von der gewählten Elementart erst bestimmt werden. Da eine weitere Betrachtungsweise durch den Rahmen dieser Arbeit nicht mehr abgedeckt ist, wird für detailliertere Angaben auf die Literatur, z.B. [KLEI15], verwiesen.

2.2 Betriebseigenschaften wälzgelagerter Systeme

Operating characteristics of rolling bearing systems

Nachdem in Kapitel 2.1 die grundsätzliche Herangehensweise zur Berechnung von mechanischen Systemen mittels FEM hergeleitet wurde, wird nachfolgend auf die Besonderheiten wälzgelagerter Systeme eingegangen. Hierbei ist die Modellierung der Wälzlagerung von besonderer Relevanz, da sich diese zum einen betriebspunktabhängig nichtlinear verhält, zum anderen als elementarer Bestandteil die Eigenschaften eines rotierenden Systems maßgeblich beeinflusst. In Abbildung 2.2 ist der schematische Aufbau eines typischen wälzgelagerten FEM-Spindelmodells ohne Vernetzung dargestellt. Das zur Spindel- und Lagerberechnung angewandte Vorgehen sowie die zur Anwendung kommenden Berechnungsroutinen werden nachfolgend zusammengefasst.

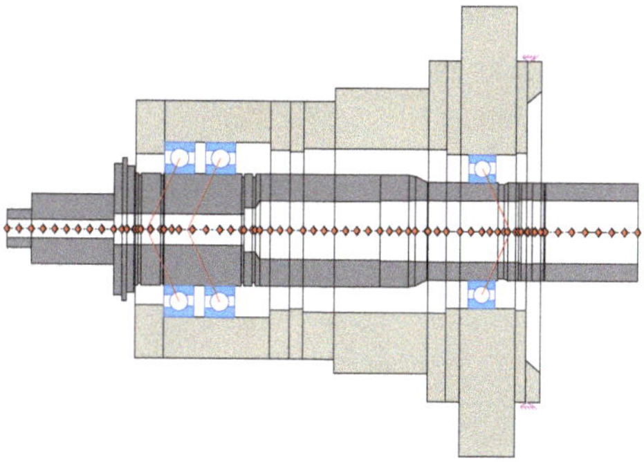

Abbildung 2.2: Balkenmodell einer typischen Hauptspindel, wie sie in Werkzeugmaschinen zum Einsatz kommt (Knoten der Balkenelemente in rot)

Beam model of a typical machine tool spindle as used in machining centers (Nodes of the beam elements in red)

2.2.1 Steifigkeitsberechnung von Wälzlagern

Stiffness calculation of roller bearings

Die Kenntnis der Wälzlagersteifigkeit ist für die statische und dynamische Modellierung von wälzgelagerten Wellensystemen von elementarer Bedeutung und für Prognoserechnungen zwingend erforderlich. Da Wälzlager abhängig von äußeren Belastungen sowie Betriebsbedingungen ihre Eigenschaften ändern und die Zusammenhänge komplex sind, ist eine Bestimmung dieser Eigenschaften nur rechnergestützt möglich. Wälzlager zeigen nichtlineare Charakteristiken, wodurch eine iterative Lösung der beschreibenden Gleichungen unumgänglich ist. Die Basis für die Bestimmung der Steifigkeitseigenschaften bildet die Annahme, dass es sich bei dem Wälzkontakt zwischen Laufbahn und Wälzkörper um einen Hertz'schen Kontakt handelt [BRÄN09]. Der Hertz'sche Kontakt ist unter anderem für die nichtlineare Steifigkeitscharakteristik des Wälzlagers verantwortlich. Weitere Einflüsse sind betriebsbedingter Natur. Abbildung

2.3 zeigt die zugrunde liegende Modellvorstellung zweier aufeinander aufliegender, gekrümmter Körper.

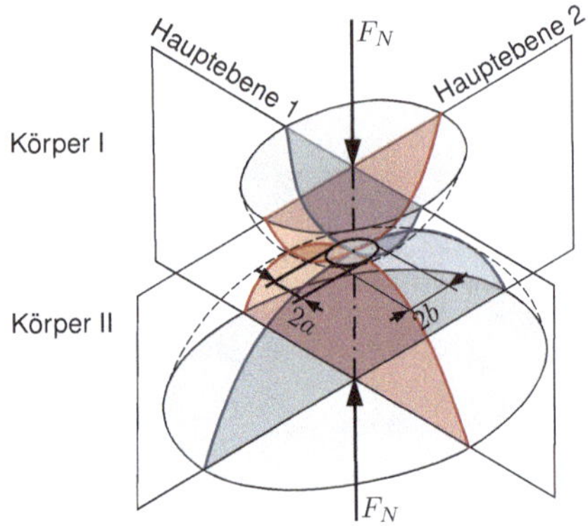

Abbildung 2.3: Schematische Darstellung des Hertz'schen Kontakts nach [DIET97, S. 16].
Schematic representation of the Hertz contact according to [DIET97, S. 16].

Für die Herleitung der weiter unten beschriebenen Gleichungen des Hertz'schen Kontakts wurden in [HERT82] die folgenden Annahmen getroffen:

- Die Materialien der sich berührenden Körper sind isotrop. Sie besitzen richtungsunabhängig die gleichen Eigenschaften.
- Die sich berührenden Flächen sind eben und ihre Hauptachsen sind im Vergleich zu den Krümmungsradien des Körpers klein. Über die entstehende Druckfläche werden nur Normalspannungen und keine Schubspannungen übertragen.
- Die Zugfestigkeitswerte der Materialien werden nicht überschritten. Es treten keine plastischen Verformungen auf.

Aus dem allgemeinen Problem der Berührung elastischer Körper lässt sich das Kontaktproblem auf einige wenige Gleichungen reduzieren. Die Annäherung der Mittelpunkte der sich berührenden Körper lässt sich mit

$$\delta = \delta^* \left[\frac{3F_N}{2\sum\rho} \left(\frac{(1-\xi_I^2)}{E_I} + \frac{(1-\xi_{II}^2)}{E_{II}} \right) \right]^{2/3} \frac{\sum\rho}{2} \tag{2.16}$$

beschreiben. In Gleichung 2.16 handelt es sich bei nahezu allen Parametern um Material- und Geometrieparameter, die als bekannt vorausgesetzt werden können. Das vollständige Kontaktproblem lässt sich durch die Kontaktparameter δ^*, a^* und b^* beschreiben. Diese Größen sind dimensionslose Parameter, die in der deutschsprachigen Fachliteratur als Hertz'sche Beiwerte bezeichnet werden. Ihre Berechnungsvorschriften lauten:

$$a^* = \left(\frac{2\kappa^2\mathcal{E}}{\pi}\right)^{1/3} \quad , \tag{2.17}$$

$$b^* = \left(\frac{2\mathcal{E}}{\pi\kappa}\right)^{1/3} \quad \text{und} \tag{2.18}$$

$$\delta^* = \frac{2\mathcal{F}}{\pi}\left(\frac{\pi}{2\kappa^2\mathcal{E}}\right)^{1/3} \quad . \tag{2.19}$$

In den Gleichungen 2.17 bis 2.19 beschreibt die Variable κ das Verhältnis der Achsen der Kontaktellipse, also die Elliptizität. Diese hängt durch die Gleichung

$$F(\rho) = \frac{(\kappa^2+1)\mathcal{E} - 2\mathcal{F}}{(\kappa^2-1)\mathcal{E}} = \frac{(\rho_{I1} - \rho_{I2}) + (\rho_{II1} - \rho_{II2})}{\sum \rho} \tag{2.20}$$

mit den Krümmungsradien ρ der Kontaktpartner zusammen. Damit für die Berechnung eines Kontakts nicht immer die elliptischen Integrale aus $\mathcal{E}$ und $\mathcal{F}$ aufwendig numerisch gelöst werden müssen, können diese unter Vorgabe von κ durch Näherungsfunktionen, eine Reziprok- und eine Logarithmusfunktion, mit sehr hoher Übereinstimmung ausgedrückt werden. Das Ergebnis der Näherung zeigt Abbildung 2.4.

Nach Bestimmung der Hertz'schen Beiwerte können diese für jegliche Kontaktskalierung übernommen werden. Die Berechnung des dimensionsbehafteten Kontakts erfolgt über die Gleichungen 2.17 bis 2.19 sowie

$$a = a^* \left[\frac{3F_N}{2\sum\rho}\left(\frac{(1-\xi_I^2)}{E_I} + \frac{(1-\xi_{II}^2)}{E_{II}}\right)\right]^{1/3} \quad \text{und} \tag{2.21}$$

$$b = b^* \left[\frac{3F_N}{2\sum\rho}\left(\frac{(1-\xi_I^2)}{E_I} + \frac{(1-\xi_{II}^2)}{E_{II}}\right)\right]^{1/3} \quad . \tag{2.22}$$

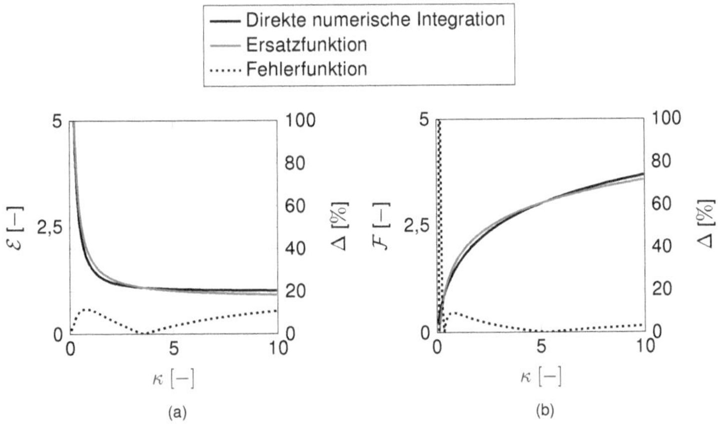

Abbildung 2.4: Direkte Integration der elliptischen Integrale und deren Approximation
Direct integration of elliptic integrals and their approximation

Die durch eine äußere Kraft hervorgerufene Belastung in Form von Spannungen in den Kontaktpartnern des Wälzkontakts sind für diese Arbeit nur insofern relevant, als dass sie später verwendet werden, um einen qualitativen Vergleich anzustellen. Ihre Berechnungsvorschrift lautet

$$p(x,y) = \frac{F_N}{2\pi ab}\left[1 - \frac{x^2}{a} - \frac{y^2}{b}\right]^2 . \tag{2.23}$$

Eine weitere relevante Größe für Wälzkontakte, die vor allem im Bereich des Punktkontakts von Wälzlagern von Bedeutung ist, ist die Schmiegung. Sie gibt an, inwiefern sich Radius von Wälzkörper und Laufbahn ähneln. Sie wird mit Hilfe der Gleichung

$$\Phi = \frac{r_L - r_K}{r_K} \tag{2.24}$$

berechnet und meist in Prozent angegeben, wobei übliche Werte, der in dieser Arbeit behandelten Spindellager, zwischen 5% und 9% liegen und zwischen Außenring- und Innenringkontakt unterschiedlich sein können.

Die dargelegten Gleichungen zur Beschreibung des Kontaktproblems werden weiter benötigt, um die Steifigkeit des Wälzlagers im Betriebspunkt zu bestimmen. Zahlreiche Arbeiten haben sich mit diesem Thema bereits beschäftigt [JONE60; TÜLL99; FALK19], wobei anzumerken ist, dass das Problem der Steifigkeitsabbildung in dynamischen Simulationen bis heute noch nicht vollständig gelöst ist und gerade bei der Berücksichtigung nichtlinearer Zusammenhänge Probleme bereitet [NEHE12].

In Abbildung 2.5 ist der Aufbau eines Spindellagers schematisch dargestellt. Bei der Betrachtung muss zwischen der nominellen Geometrie, vgl. 2.5a, und der Geometrie im Betrieb, vgl. 2.5b, unterschieden werden. Durch den Einfluss der Drehzahl bzw. durch die infolge der Drehbewegung des Lagers entstehenden Massenkräfte auf Innenring, Außenring und Wälzkörper ändern sich die inneren und äußeren Druckwinkel und damit auch das Lagerspiel. Dies wiederum führt zu einer Änderung der axialen und radialen Steifigkeiten. Weiterhin werden diese Größen auch durch die im Lager vorherrschende Temperatur beeinflusst, welche infolge der hauptsächlich in den Wälzkontakten auftretenden Reibkräfte mit der Drehzahl ansteigt. Besonders ausgeprägt sind diese Effekte bei hohen Drehzahlen, wie sie im Betrieb von Hauptspindeln auftreten. Nicht dargestellt sind in Abbildung 2.5 die in den Kontaktflächen wirkenden Reibkräfte sowie das auf den Wälzkörper wirkende Kreiselmoment. Beide können unter Umständen für die Berechnung der inneren Lagergrößen bedeutend sein. Da die verfügbaren Theorien zu diesen Effekten jedoch sehr umfangreich sind, wird an dieser Stelle auf die Arbeit [ROSS13, S. 36ff.] verwiesen, die sich eingehend mit dem Einfluss dieser Größen befasst.

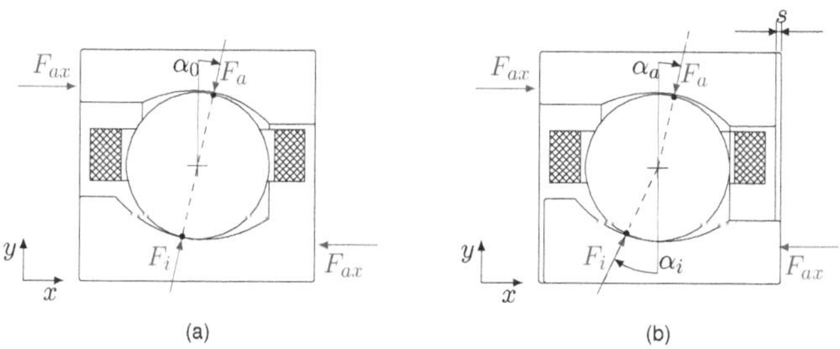

Abbildung 2.5: Schematische Darstellung der Innengeometrie eines Spindellagers nominell (a) und im Betrieb (b). Nach [HASS19]

Schematic representation of the internal geometry of a spindle bearing nominally (a) and under operational conditions (b) according to [HASS19]

Zur Bestimmung der Wälzlagersteifigkeit in einer Raumrichtung muss die Beziehung zwischen eingeleiteter Kraft in Richtung $F_{x,y,z}$ und resultierender Verlagerung $\delta_{x,y,z}$ in einer anderen

Richtung bestimmt werden. Für welche Kombination von Richtungen diese Beziehung bestimmt wird, entscheidet darüber, ob es sich um eine direkte Steifigkeit oder eine Kreuzsteifigkeit handelt. Die Herausforderung bei der Bestimmung der Wälzlagersteifigkeit ist die Beteiligung mehrerer Kontaktpartner innerhalb des Systems Wälzlager sowie die nichtlineare Charakteristik der Kräfte der Kontaktpartner untereinander, hervorgerufen durch die Eigenschaften des Hertz'schen Kontakts. Die genannten Punkte erfordern daher eine iterative Lösungsweise. Zur mathematischen Beschreibung des mechanischen Systems dienen die Kräfte- und Momentengleichgewichte an den einzelnen Wälzkörpern. Abbildung 2.5a zeigt die an Wälzkörper, Innenring und Außenring angreifenden Kräfte. Die zur Beschreibung notwendige Gleichung für die Gleichgewichtsrechnung lautet

$$\underline{f}_{x,y,\alpha} = \begin{bmatrix} \sum F_{x,Kugel} \\ \sum F_{y,Kugel} \\ \sum M_{y,Kugel} \end{bmatrix} = \begin{bmatrix} F_{x,i} - F_{x,reib,i} - F_{x,a} - F_{x,reib,a} \\ F_{y,i} - F_{y,reib,i} - F_{y,a} - F_{y,reib,a} + F_f \\ M_{Kreisel} - r_K(F_{reib,i} - F_{reib,a}) \end{bmatrix} = \underline{0}. \tag{2.25}$$

Die Steifigkeitsmatrix des Wälzlagers ergibt sich dabei unter der Annahme eines symmetrischen Systems aus der Ableitung der Kräfte- und Momentengleichung 2.25 nach den Freiheitsgraden des Lagerinnenrings gemäß

$$\boldsymbol{J_f} = \begin{bmatrix} \frac{\partial F_x}{\partial dx_{IR}} & \frac{\partial F_x}{\partial dy_{IR}} & \frac{\partial F_x}{\partial d\beta_{IR}} \\ \frac{\partial F_y}{\partial dx_{IR}} & \frac{\partial F_y}{\partial dy_{IR}} & \frac{\partial F_y}{\partial d\beta_{IR}} \\ \frac{\partial M_y}{\partial dx_{IR}} & \frac{\partial My}{\partial dy_{IR}} & \frac{\partial My}{\partial d\beta_{IR}} \end{bmatrix} \tag{2.26}$$

beziehungsweise durch Diskretisierung von Gleichung 2.26 mittels finiter Differenzen. Vorab muss über die sogenannte Kugeliteration die Position der Wälzkörper bestimmt werden, wodurch wiederum die Kontaktkräfte bestimmt werden können, die für die Bestimmung von Gleichung 2.26 benötigt werden. Die x-Richtung entspricht dabei der axialen Lagerrichtung und der Winkel β der Rotation um die radiale y-Achse des Lagers. Da alle Terme der Gleichung 2.25, mit Ausnahme der Wälzkörperfliehkraft F_f, von der Innenringposition abhängig sind, muss diese vorgegeben werden. Die Nullstelle des Gleichungssystems, also die Gleichgewichtsposition des Innenrings, kann dann mit der Newton-Methode unter Verwendung von

$$\Delta\underline{x}_n = \begin{bmatrix} \Delta x_{IR,n} \\ \Delta y_{IR,n} \\ \Delta\beta_{IR,n} \end{bmatrix} = \boldsymbol{J_f}^{-1} \begin{bmatrix} \sum F_{x,Kugel} \\ \sum F_{y,Kugel} \\ \sum M_{y,Kugel} \end{bmatrix} \quad \text{und} \tag{2.27}$$

$$\underline{x}_{n+1} = \begin{bmatrix} x_{IR,n+1} \\ y_{IR,n+1} \\ \beta_{IR,n+1} \end{bmatrix} = \underline{x}_{IR,n} + \Delta\underline{x}_{IR,n} \tag{2.28}$$

sowie einem Anfangswert für die Innenringposition bestimmt werden. Als Abbruchkriterium kann das Unterschreiten eines bestimmten Wertes der $||\Delta x_n||_2$-Norm verwendet werden. Ist die Nullstelle gefunden, befindet sich der Innenring im Kräftegleichgewicht. In [TÜLL99; FALK19] können alle Details zu dieser Methode umfassend nachvollzogen werden.

Eine weitere Möglichkeit Wälzkontakte zu berechnen, ist die Diskretisierung der Kontaktflächen und darauf aufbauend die Lösung eines Gleichungssystems für den diskretisierten Kontakt. Die geometrischen Gegebenheiten inklusive der verwendeten, geometrischen Größen sind in Abbildung 2.6 dargestellt.

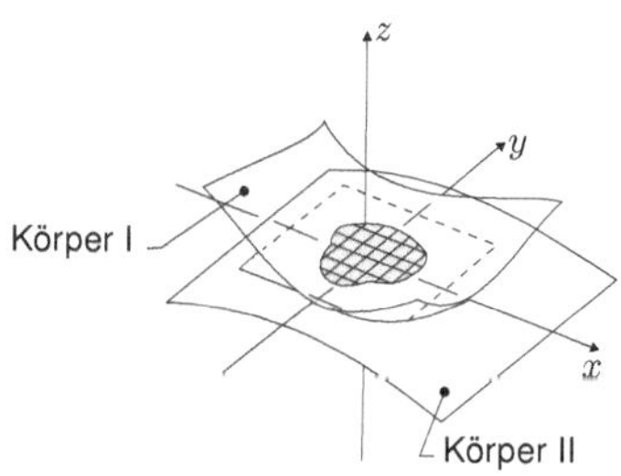

(a) Kontaktnetz

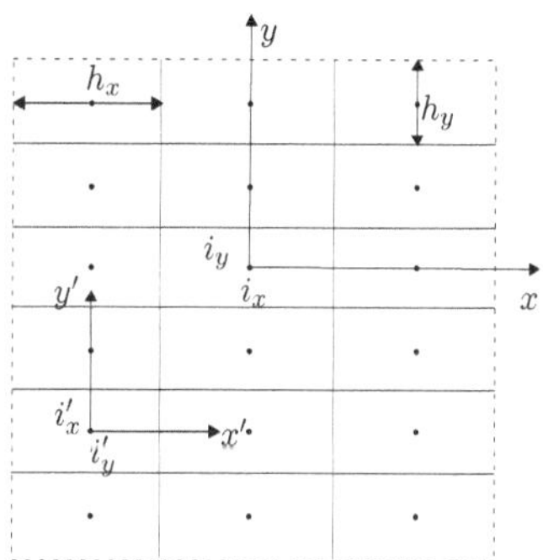

(b) Diskretisierter Kontakt

Abbildung 2.6: Darstellungen des diskretisierten Kontakts nach [HART79]

Illustrations of the discretized contact according to [HART79]

Abhängig davon, ob es sich um einen Linien- oder Punktkontakt handelt werden die beiden Gleichungen

$$\underline{\delta}_{i_x} = \frac{a^2}{R \cdot p_H} \sum_{n=i'_x}^{n_x} K_{i_x i'_x} \underline{p}_{i'_x} \qquad \text{bzw.} \tag{2.29}$$

$$\underline{\delta}_{i_x i_y} = \frac{ab}{R \cdot p_H} \sum_{n=i'_x}^{n_x} \sum_{n=i'_y}^{n_y} K_{i_x i_y i'_x i'_y} \underline{p}_{i'_x i'_y} \tag{2.30}$$

zur Berechnung genutzt. Hierbei ist K die Einflussmatrix, die eine Verformung am Punkt mit den Koordinaten i_x und i_y, hervorgerufen durch eine Last am Punkt i'_x und i'_y beschreibt. P ist der Druck am Knotenpunkt und δ die Verlagerung desselben. Die Normierung erfolgt unter Einsatz von Kenngrößen des Hertz'schen Kontakts. K kann durch eine analytische Gleichung angenähert werden und ist in der Literatur, beispielsweise in [VENN91], mit

$$\begin{aligned} K_{i_x i_y i'_x i'_y} = {} & |X_p| \ln\left(\frac{Y_p + \sqrt{X_p^2 + Y_p^2}}{Y_m + \sqrt{X_p^2 + Y_m^2}}\right) + |Y_m| \ln\left(\frac{X_m + \sqrt{Y_m^2 + X_m^2}}{X_p + \sqrt{Y_m^2 + X_p^2}}\right) + \\ & |X_m| \ln\left(\frac{Y_m + \sqrt{X_m^2 + Y_m^2}}{Y_p + \sqrt{X_m^2 + Y_p^2}}\right) + |Y_p| \ln\left(\frac{X_p + \sqrt{(}Y_p^2 + X_p^2)}{X_m + \sqrt{Y_p^2 + X_m^2}}\right) \end{aligned} \tag{2.31}$$

unter Anwendung von

$$X_p = x_{i_x} - x_{i'_x} + \frac{h}{2}, \qquad X_m = x_{i_x} - x_{i'_x} - \frac{h}{2} \tag{2.32}$$

$$Y_p = y_{i_y} - y_{i'_y} + \frac{h}{2}, \qquad Y_m = y_{i_y} - y_{i'_y} - \frac{h}{2} \tag{2.33}$$

für den Punktkontakt angegeben. Die Grundlagen für den diskretisierten Wälzkontakt wurden bereits durch [HART79] gelegt. Durch eine iterative Gleichgewichtsrechnung für den Einzelkontakt, die z.B. wieder mithilfe des Newtonverfahrens durchgeführt wird, kann der Kontakt berechnet werden. Mit dieser Methode können vor allem asymmetrische Pressungsverteilungen im Wälzkontakt, wie sie beispielsweise bei Linienkontakten unter azentrischen Belastungen des Kontakts auftreten, berechnet werden. Ein weiterer Grund für eine solche Betrachtungsweise ist die mögliche Berücksichtigung des Schmierfilms, da dieser mit der Kontaktfläche durch eine nicht konstante Pressungsverteilung gekoppelt ist.

2.2.2 Einfluss des Schmierfilms

Lubrication Influences

Im Allgemeinen sind die Schmierungsbedingungen in Wälzlagern sehr unterschiedlich. Grundsätzlich sind in Abhängigkeit von Kontaktgeschwindigkeit, Viskosität und Last die Schmierzustände Grenzkörperreibung, Mischreibung und reine Fluidfilmreibung vorzufinden. Da Spindellager zur Erreichung einer hohen Laufgenauigkeit vorgespannt werden müssen und in der Regel im Drehzahlbereich mittlerer bis höchster Drehzahlen eingesetzt werden, handelt es sich um hochbelastete Wälzkontakte, die größtenteils im elastohydrodynamischen Bereich betrieben werden, vgl. Abbildung 2.7. Dieser Bereich ist dadurch gekennzeichnet, dass eine maßgebliche Interaktion zwischen dem hydrodynamischen Druck im Schmierspalt und der elastischen Verformung der beiden Kontaktpartner besteht.

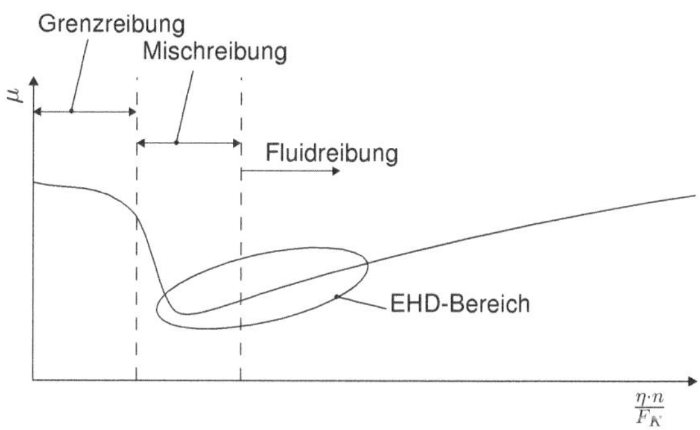

Abbildung 2.7: Stribeckkurve in Anlehnung an [KHON17]

Stribeck curve with marked EHL area according to [KHON17]

Von den bisherigen Betrachtungen wurde der Einfluss des Schmierfilms ausgeschlossen. Eine physikalisch korrekte Beschreibung des Wälzlagers muss diese jedoch aus verschiedenen Gründen berücksichtigen:

- Die Eigenschaften des geschmierten Wälzkontakts wirken sich auf die Ausbildung der Reibungskräfte im Betrieb aus. Diese können zwar mithilfe von empirischen Gleichungen angenähert werden, die Erfahrung zeigt jedoch, dass diese in bestimmten Betriebsbereichen versagen.

- Bei üblichen Schmierstoffen handelt es sich um Öle bzw. Fette auf Basis eines Grundöls. Im Allgemeinen eignen sich diese zur Dämpfung von Schwingungen. Daher liegt die Vermutung nahe, dass ein Anteil der im Lager wirksam werdenden Dämpfung durch den Schmierstoff verursacht wird. Infolgedessen ist die Erlangung der Kenntnis des Schmierzustands, in Abhängigkeit der Lagerbetriebsbedingungen, ein wichtiger Schritt, die Dämpfungseigenschaften des Wälzkontakts physikalisch korrekt zu beschreiben.

Im Allgemeinen werden die Verhältnisse im geschmierten Wälzkontakt durch die Gesetze der Hydrodynamik, also folglich durch die Navier-Stokes-Gleichungen, beschrieben [JACO11]. Oftmals steht der Aufwand, der zur numerischen Lösung dieser Gleichungen betrieben werden muss, in keinem Verhältnis zum Nutzen. Unter Berücksichtigung der folgender Annahmen:

- Inertialkräfte des Schmierstoffs sind derart gering, dass sie auf das Kontaktverhalten keinen Einfluss haben,
- Änderungen des Drucks im Schmierspalt entlang der Normalen zur Kontaktfläche sind vernachlässigbar gering,
- Jeglicher Wärmeaustausch im Kontakt ist vernachlässigbar gering,

lässt sich die allgemeine Navier-Stokes-Gleichung zur Reynoldsgleichung

$$f = \frac{\partial}{\partial x}\left(\frac{\rho h^3}{12\eta}\frac{\partial p}{\partial x}\right) + \frac{\partial}{\partial y}\left(\frac{\rho h^3}{12\eta}\frac{\partial p}{\partial y}\right) - u_m\frac{\partial \rho h}{\partial x} - \frac{\partial \rho h}{\partial t} = 0 \tag{2.34}$$

vereinfachen [REYN86]. Da die Schmierstoffmenge im Vergleich zur Masse des Wälzkörpers sehr gering ist, wird davon ausgegangen, dass die erste Bedingung erfüllt ist. Auch die Schmierfilmdicke ist in der Regel wenige hundertstel bis zehntel Mikrometer dick, was eine starke Änderung entlang der Normalen zur Kontaktfläche ebenfalls vernachlässigbar macht.

Die physikalischen Parameter für die Berechnung liegen für Wälzlager im Allgemeinen in sehr weit gefassten Bereichen, die von den konstruktiven Eigenschaften des Lagers abhängen. Für Spindellager vereinfachen sich diese Gegebenheiten etwas, da sie, um eine möglichst hohe Genauigkeit zu erreichen, immer unter Vorspannung betrieben werden. Bestimmte, schwierig zu berechnende Kontaktzustände, wie z.B. unter sehr geringen Kontaktlasten, treten dadurch nicht auf, was die Berechnung durch die Einschränkungen der möglichen zu treffenden Annahmen zum Teil erheblich vereinfacht. Nichtsdestotrotz müssen gewisse Größen in Abhängigkeit des Betriebspunkts berücksichtigt werden. Die in dieser Arbeit zur Anwendung kommenden Methoden zur Berechnung der Schmierfilmeigenschaften und -einflüsse sind Bestandteil von Kapitel 4 und werden daher an dieser Stelle nicht weiter vertieft.

2.2.3 Dämpfungseigenschaften von Wälzlagern

Damping properties of roller bearings

Das Thema *Dämpfung in Wälzlagern* hat bereits in den 1960er und 1970er Jahren die Aufmerksamkeit ingenieurwissenschaftlicher Forschung erlangt. Zahlreiche Publikationen lassen sich seitdem diesem Themenkomplex zuordnen, wobei eine grundsätzliche Unterscheidung der Arbeiten unternommen werden muss. Auf der einen Seite stehen die theoretischen Arbeiten, die sich hauptsächlich mit der Berechnung des Schmierfilms in Form der Navier-Stokes- bzw. der Reynolds-Gleichung beschäftigen. Diese Arbeiten sind zumeist durch eine umfangreiche Betrachtung der numerischen Lösung der genannten Gleichungen gekennzeichnet. Auf der anderen Seite stehen experimentelle Arbeiten, die sich mit der Messung von Dämpfungsparametern an Lagerprüfständen beschäftigen. Die meisten Arbeiten bedienen sich hierzu der Messung von Frequenzgängen und der Bestimmung modaler Parameter mit deren Hilfe über ein mathematisches Modell eine physikalische viskose Dämpfung berechnet wird. Aufgrund der Vielzahl verschiedener Lager und des nicht einheitlichen Prüfstandsaufbaus sind die berechneten Dämpfungsparameter bzw. deren Abhängigkeiten von den Betriebsparametern sehr heterogen und es lässt sich bisher kein einheitliches Bild der Einflüsse auf das Dämpfungsverhalten von Wälzlagern bestimmen. Des Weiteren liegen viele der Untersuchungen bereits 20 Jahre zurück und die Aktualität der damals eingesetzten Lager ist zum heutigen Zeitpunkt nicht mehr gegeben. Dies lässt sich auch an den in entsprechenden Publikationen zu findenden, untersuchten Betriebsbereichen erkennen, die sich nur sehr selten im Drehzahlbereich jenseits der $1000\,min^{-1}$ bewegen. Im Hinblick auf den Einsatz von Hochgenauigkeitswälzlagern, wie sie z.B. in modernen Hauptspindelsystemen zum Einsatz kommen, ist dieser Drehzahlbereich nicht geeignet, um Aussagen zum Einfluss der Betriebsparameter auf das Dämpfungsverhalten heutiger moderner Spindellager abzuleiten. Aufgrund der Vielzahl von verfügbaren Ergebnissen, soll das folgende Kapitel eine Übersicht zu denen im Themenkomplex *Dämpfungseffekte in Wälzlagern* zu verortenden Arbeiten geben.

Als Grundlage für viele Arbeiten im Bereich der Wälzlagerdämpfung und der Berechnung des Schmierfilms können die Arbeiten von Dowson und Higginson (Linienkontakt) sowie von Archard und Cowking (Punktkontakt) betrachtet werden, da sie die ersten waren, die sich mit dem Thema der elastohydrodynamischen (EHD) Schmierung in Wälzlagern beschäftigten. [ARCH65; HAMR76a; HAMR76b; HAMR77a; HAMR77b]

Ihnen zufolge lassen sich die Verhältnisse im geschmierten Wälzkontakt durch dimensionslose Potenzgesetze beschreiben. Als zentrale Größe zur Beschreibung des Schmierfilms wird die minimale Schmierfilmdicke H_{min} verwendet, die sich für den Punktkontakt mit

$$H_{min} = 3,63 \cdot G^{0,49} \cdot U^{0,68} \cdot W^{-0,13} \tag{2.35}$$

und für den Linienkontakt mit

$$H_{min} = 1,6 \cdot G^{0,6} \cdot U^{0,7} \cdot W^{-0,073} \cdot (1 - e^{-0,68k}) \tag{2.36}$$

angeben lässt. Die Moes-Parameter genannten dimensionslosen Eingangsgrößen in diesen Gleichungen lassen sich mit

$$H = \frac{h}{R'} \tag{2.37}$$

$$G = a_p^* E' \tag{2.38}$$

$$U = \frac{\eta_0 u_m}{E' R'} \tag{2.39}$$

$$W = \frac{w}{E'} \tag{2.40}$$

$$L = G(2U)^{1/4} \tag{2.41}$$

berechnen [MOES00]. Die Formeln 2.35 und 2.36 wurden durch weitere Untersuchungen von etlichen Autoren bestätigt [LUBR09]. Weiterhin wurden Sie in einigen Fällen modifiziert, um ihren Gültigkeitsbereich zu erweitern [DOWS78; HAMR84]. Letztendlich ist ihre ursprüngliche Form jedoch als der Standard anzusehen.

In [ELSE76] werden Kegelrollenlager hinsichtlich ihres Dämpfungsvermögens untersucht. Als Modell zur Parameteridentifikation wurde ein einfacher Einmassenschwinger genutzt und es wurden viskose Dämpfungsparameter identifiziert.

Die ersten Untersuchungen, die sich mit der Quantifizierung von Dämpfungseffekten in Wälzlagern mit Punktkontakt und deren Einflüssen auf das Systemverhalten umfangreich beschäftigen, sind in [KLUM80] zu finden. Der theoretische Teil der Arbeit beschäftigt sich mit der Ableitung von Dämpfungsparametern aus den mathematischen Modellen zum EHD-Kontakt und der

Quetschfilmdämpfung. Diese Annahme leitet sich aus der im Kontaktbereich des EHD-Kontakts weitgehend konstanten Schmierfilmhöhe ab. Die Dämpfungskonstante für den Einzelkontakt wird mit

$$c = \frac{1}{h^3} A \sum_{i,j} u_{i,j} \tag{2.42}$$

$$u_{i,j} = p_{i,j} \cdot \frac{h^3}{v_y} \tag{2.43}$$

angegeben, wobei $p_{i,j}$ die Druckverteilung im Kontakt, h die Schmierfilmhöhe und v_y die Schwinggeschwindigkeit in Normalenrichtung des Kontakts beschreiben. Die aus den einzelnen Kontakten resultierende Gesamtdämpfung errechnet sich damit zu

$$c_{\text{[KLUM80]}} = c^*_{\eta_0} + 2 \sum_{j=1}^{\frac{i \cdot z - 1}{4}} c^*_{n_j} cos(j\lambda), \tag{2.44}$$

wobei λ der Winkelabstand der Wälzkörper und z die Anzahl der Wälzkörper ist. Im experimentellen Teil der Arbeit werden Ergebnisse von Prüfstandsmessungen an einem eigens für die Identifikation von Dämpfungsparametern entwickelten Prüfstand präsentiert und mit den theoretischen Werten verglichen. Als Prüflager dienen Rillenkugel- und Zylinderrollenlager. Als Basis zur Bestimmung der in den Versuchen wirkenden viskosen Dämpfung wird der Prüfstand als Zweimassenschwinger abgebildet. Die am Zylinderrollenlager identifizierten viskosen Dämpfungsparameter bewegen sich im Bereich zwischen 2000 N s m^{-1} und 4000 N s m^{-1}, wobei die Dämpfung bei niedrigeren Drehzahlen am höchsten ist und mit steigender Drehzahl abnimmt. Weiterhin wird als großer Einflussfaktor das Schmieröl identifiziert. Die identifizierte viskose Dämpfung des Rillenkugellagers ist über den gesamten untersuchten Drehzahlbereich bis 2400 min^{-1}nahezu konstant bei 4000 N s m^{-1}. Im Vergleich zwischen Theorie und Experiment treten erhebliche Unterschiede auf. Die bestimmten Dämpfungskonstanten unterscheiden sich zum Teil um eine Größenordnung.

Vergleichbare Untersuchungen werden von Walford und Stone in [WALF83a] durchgeführt. Als hauptsächliche Einflussfaktoren auf Steifigkeits- und Dämpfungseigenschaften der untersuchten Wälzlager identifizieren sie

- Drehzahl,
- Anregungsfrequenz,
- Anregungsamplitude,
- Schmiermittelviskosität,
- Schmiermittelmenge,
- axiale Vorspannung,
- radiale Last,
- Temperatur,
- Passungstoleranzen.

Als Modell zur Identifikation wird aus den Messungen

$$c_{\text{[WALF83a]}} = \frac{3}{\sqrt{2}} \frac{\pi \eta R^{1,5} L}{h_0^{1,5}} \tag{2.45}$$

abgeleitet. L ist hier die Länge der Kontaktellipse. Die identifizierten Dämpfungsparameter bewegen sich in der gleichen Größenordnung wie die, der bisher genannten Veröffentlichungen. Allerdings weisen die Autoren darauf hin, dass die tatsächlich gemessene Dämpfung weit über den durch ihr Modell bestimmten, theoretischen Werten liegt. Es wird angenommen, dass dies durch den Einfluss der Außenringpassung zu erklären ist, was jedoch nicht durch Messungen belegt wird. [STON82; WALF83b]

Ophey beschäftigt sich in [OPHE86] mit den Steifigkeits- und Dämpfungseigenschaften von vorgespannten Schrägkugellagern. Es wird eine dynamische Nachgiebigkeit des Wälzkontakts aus der Differentialgleichung für ein Plattenmodell eines Schmierspalts hergeleitet, woraus sich theoretische Beschreibungsgleichungen für Steifigkeit und viskose Dämpfung des Lagers in Abhängigkeit der Frequenz ableiten lassen. Als Hauptquelle für die Lagerdämpfung wird der Ölfilm im Wälzkontakt genannt. Der Wälzkontakt wird dabei als Rechteck angenähert und die Ölsäule auf der korrespondierenden Fläche genutzt, um die Dämpfung des Kontakts zu ermitteln. Die Dämpfung kann somit aufbauend auf der genannten Theorie analytisch mit

$$c_{\text{[OPHE86]}} = \sum_{i=1}^{n} \frac{\Delta y E_{\text{Öl}}}{\omega h_i} \sqrt{\frac{2}{a_i}} Im_i \tag{2.46}$$

berechnet werden. Der Drehzahlbereich ist mit bis zu 1200 min^{-1} für einen Übertrag der Erkenntnisse auf moderne Lager zu gering. Die identifizierten Dämpfungswerte sind deutlich höher als bei thematisch ähnlichen Arbeiten, was den Autor zu dem Schluss kommen lässt, dass ein erheblicher Anteil der Dämpfung in den durchgeführten Messungen aus der Fugendämpfung zwischen Lageraußenring und Gehäuse herrührt. Eine Trennung zwischen Fügestellendämpfung und Wälzlagerdämpfung wird quantitativ nicht untersucht. Unter Zuhilfenahme der Literatur wird ein qualitativer Verlauf hergeleitet, der zeigt, dass im niedrigeren Drehzahlbereich die Fugendämpfung den dominierenden Teil der Gesamtdämpfung ausmacht und das dies mit steigender Drehzahl ins Gegenteil umschlägt und die Wälzlagerdämpfung somit dominiert. In den experimentellen Untersuchungen zeigt sich ebenfalls, dass die gemessene Dämpfung stark von der Belastungssituation des Lagers abhängt.

Mit der in [VENN91] dargelegten Arbeit wird der Grundstein für umfangreichere Berechnungen im Bereich isothermer 2D-EHD-Kontaktberechnung für Punkt- und Linienkontakte gelegt. Es wird ein numerisches Verfahren entwickelt, mit dessen Hilfe der EHD-Kontakt zu damaliger Zeit effizienter als zuvor berechnet werden kann und das bis heute als Grundlage für EHD-Berechnungen und die Lösung der Reynoldsgleichung verwendet wird. Aus numerischer Sicht ist dabei die Kopplung zwischen Reynoldsgleichung und den Gleichungen zur Beschreibung der elastischen Verformung der Kontaktoberfläche besonders anspruchsvoll, da das resultierende Gleichungssystem für den elastischen Teil vollbesetzte Matrizen enthält. Das vorgestellte numerische Verfahren lässt sich grundsätzlich auch für oszillierende Lasten im Wälzkontakt nutzen und ist daher ebenfalls für die Berechnung der dynamischen Belastung im Wälzkontakt von Interesse.

Eine der umfangreichsten Arbeiten zum Thema Wälzkörperdämpfung wird in [DIET97] vorgestellt. Die auftretenden Dämpfungsterme werden unterschieden in Materialdämpfung, d.h. Dämpfung des ungeschmierten Wälzkontakts und Dämpfung des Schmierfilms. Für die Materialdämpfung wird eine der im Kontakt vorliegenden Hysteresedämpfung, äquivalente Viskosedämpfung hergeleitet und mit

$$c_\psi = \psi \frac{k}{2\pi f} \tag{2.47}$$

angegeben, wobei k die Steifigkeit des Wälzkontakts beschreibt und der Verlustfaktor ψ sich laut Autoren im Wertebereich von 0,02 % bis 3 % bewegt. Wird von einem in allen Wälzkontakten gleichen ψ ausgegangen, so kann die Dämpfungsmatrix des ungeschmierten Wälzlagers in Abhängigkeit der Steifigkeitsmatrix mit

$$\boldsymbol{C}_{B,Dietl} = \frac{\psi}{2\pi f} \boldsymbol{K}_B \tag{2.48}$$

angegeben werden. Die Dämpfung des Schmierfilms wird mithilfe von EHD-Berechnungen, denen die Reynolds-Gleichung zugrundeliegt, ermittelt. Der Vergleich zwischen numerischen und experimentellen Ergebnissen zeigt im angegebenen Betriebsbereich eine gute Übereinstimmung. Als Parameter werden Drehzahl, Kontaktkraft, Viskosität, reduzierter E-Modul und Kontaktradius betrachtet. Ausgehend von dieser guten Übereinstimmung experimenteller und numerischer Ergebnisse wird das Potenzgesetz 2.49 zur Beschreibung der Wälzlagerdämpfung hergeleitet, wobei die zugehörigen Parameter in Tabelle 2.1 angegeben sind.

$$c_{\text{[DIET97]}} = K_0 \cdot R_x^{K_R} \cdot l_c^{K_l} \cdot E'^{K_E} \cdot \eta_0^{K_\eta} \cdot \alpha^{K_\alpha} \cdot q^{K_q} \cdot u_S^{K_u} \cdot F_{inlet}^{K_i} \tag{2.49}$$

Tabelle 2.1: Koeffizienten für die EHL-Dämpfung nach [DIET97]

Coefficients for the damping law after [DIET97]

K_0	K_R	K_l	K_E	K_η	K_α	K_q	K_u	K_i
$0,1963$	$0,781$	$0,769$	$1,069$	$0,531$	$0,424$	$-0,136$	$-0,434$	$-0,563$

Weiterhin wird unter der Annahme modelliert, dass die Fugendämpfung in der Passung zwischen Lageraußenring und Gehäuse bei engen Toleranzen und Ölbenetzung im Kontakt als vernachlässigbar zu betrachten ist. Der Grund dafür ist, dass keine verhältnismäßig großen Verlagerungen stattfinden können, was eine maßgebliche Voraussetzung für die Entstehung von Dämpfung ist. Die Hypothese wurde zuvor durch Messungen in [ZEIL95] belegt.

In [WENS98] wird ebenfalls ein Modell für die EHD-Dämpfung aus EHD-Berechnungen abgeleitet und in [WIJN99b] für eine Mehrkörpersimulation weiterverwendet. Die dimensionslose viskose EHD-Dämpfung steht über die Formulierung

$$c_{\text{[WENS98]}} = C \cdot \frac{4QR'}{au_s} \frac{\mathcal{E}}{\mathcal{F}} \tag{2.50}$$

mit der physikalischen viskosen Dämpfung mit der Einheit N s m^{-1} in Zusammenhang. Die Variablen orientieren sich dabei an den aus der Hertz'schen Kontakttheorie vorgegebenen Größen.

In [DIET00] erfolgt eine Zusammenfassung bisheriger Arbeiten im Bereich Wälzlagerdämpfung und der dazugehörigen Einflussgrößen. Weiterhin wird ein neues Prüfstandskonzept vorgestellt, das durch den Einsatz aerostatischer Lager die Möglichkeit der Untersuchung von Einzellagern ermöglicht.

In [WIJN98] wird erstmals der auch in dieser Arbeit verwendete Ansatz zur Bestimmung der Kontaktdämpfung mittels der transienten Kontaktsimulation und anschließender Auswertung der Kraft-Verlagerungs-Hysterese verwendet. Die Ergebnisse geben Aufschluss über die Abhängigkeit der Dämpfung von der Anregungsfrequenz. Es wird die folgende Gesetzmäßigkeit für die Kontaktdämpfung, in Abhängigkeit der Moes-Parameter, hergeleitet:

$$c_{[\text{WIJN98}]} = f(L)N^{g(L)} \tag{2.51}$$

$$f(L) = 1.9 - 0,0234L \tag{2.52}$$

$$g(L) = -0,769 - 0.0024L \tag{2.53}$$

Die Autoren in [LAMB06a; LAMB06b; LAMB06c; LAMB06d] untersuchen Kegelrollenlager hinsichtlich ihrer Steifigkeits- und Dämpfungseigenschaften. Die angewandten Methoden sind ähnlich wie in vorangegangen Publikationen. Es erfolgt eine Beschreibung der experimentellen Ergebnisse, die Herleitung eines Modells entfällt.

In [JACO14] werden die dynamischen Eigenschaften von Wälzlagern und deren Schmierfilm unter kombinierten statischen und dynamischen Lasten untersucht. Die experimentellen Ergebnisse der Dämpfungsparameter sind in Abbildung 2.8 dargestellt.

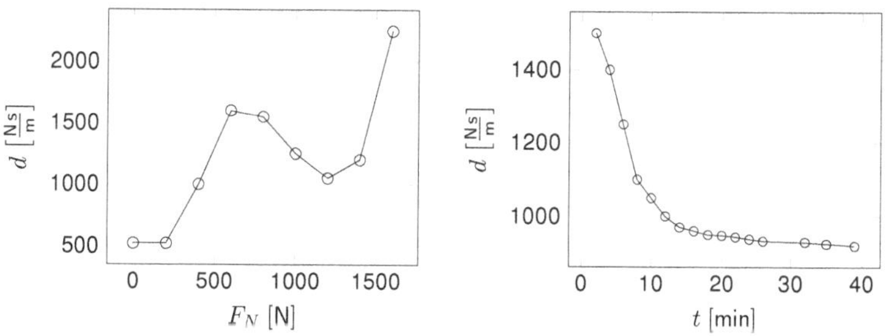

(a) Lastabhängigkeit der Dämpfung

(b) Zeitabhängigkeit der Dämpfung

Abbildung 2.8: Ergebniss der Dämpfungsidentifikation nach [JACO14]
Results of damping identification according to [JACO14]

Zu den neuesten Ergebnissen im Bereich der Wälzlagerdämpfung in denen EHD-Berechnungen genutzt werden, um die Dämpfungseigenschaften des EHD-Kontakts zu beschreiben, zählen die Arbeiten [WIEG13a; WIEG13b; WIEG15]. Die Autoren leiten ein vereinfachtes EHD-Modell ab, welches den trockenen Hertz'schen Kontakt und den hydrodynamischen Kontakt ohne elastische Deformation benötigt. Aufbauend darauf wird ein nichtlineares Kelvin-Voigt-

Modell abgeleitet, welches für nähere Untersuchungen des physikalischen Verhaltens genutzt wird und sich laut Autoren bei geringer Abweichung vom vollständigen Kontakt für den Einsatz in Mehrkörpersimulationen eignet. Der Ansatz wird in einer rotordynamischen Simulation erprobt. Es werden vornehmlich hohe Frequenzen im Bereich der Kontakteigenfrequenz untersucht.

2.3 Modellierung und Berechnung des Gesamtsystems

Modeling and calculation of the main spindle system

Die Berechnung des Gesamtsystems wird generell in zwei verschiedenen Domänen unterteilt: Die statische und dynamische Berechnung. Die statische Berechnung dient der Bestimmung von Verlagerungen im System infolge einer statischen Kraft. Grundsätzlich sind die statischen Kraftanteile bei der Belastung von Spindelsystemen größer zu erwarten als die dynamischen, weshalb die statische Berechnung auch maßgeblich die konstruktive Auslegung einer Spindel bestimmt. Grund dafür ist die Ausprägung der Schnittkräfte. Die dynamische Simulation wird verwendet, wenn die Reaktion des Spindelsystems infolge einer dynamischen Kraft, in der Regel dem zeitvarianten Anteil der Bearbeitungskraft, belastet wird. Sie wird hauptsächlich zur Bestimmung von Resonanzfrequenzen und auftretenden dynamischen Lagerlasten genutzt, da diese zu Schäden an Spindel oder Werkstück führen können.

Dynamische Simulationen sind entweder im Zeit- oder Frequenzbereich durchzuführen. Eine Durchführung im Frequenzbereich ist in den meisten Fällen ausreichend und auch weniger rechenintensiv. Frequenzbasierte Methoden sind jedoch auf lineare Systeme beschränkt. Um nichtlineare Systeme trotzdem mit diesen Methoden berechnen zu können, werden nichtlineare Funktionen um einen Arbeitspunkt linearisiert. Dies hat den Nachteil, dass transiente Vorgänge, die sich in einem weiten Abbildungsbereich der nichtlinearen Funktionen bewegen, durch die Linearisierung nicht mehr ordnungsgemäß wiedergegeben werden können. Eine Möglichkeit dieses Problem zu umgehen, ist die direkte zeitliche Integration der entsprechenden Gleichungssysteme. Diese ist bei weitem ressourcenintensiver, setzt jedoch bei der Wahl von Modellierungsstrategien keine Grenzen.

Die Gesamtgleichung, bestehend aus Masse-, Steifigkeits- und ggf. Dämpfungsmatrizen, setzt sich aus einer Summation der einzelnen Bauteilmatrizen, die entsprechend der Freiheitsgrade des Gesamtsystems erweitert werden, zusammen. Bei den Matrizen der einzelnen Komponenten handelt es sich um die in den Gleichungen 2.12 bis 2.14 hergeleiteten Formulierungen. Des Weiteren müssen die Koppelstellen, hier die Wälzlager, die in der Simulation meist als Mehrpunktzwangsbedingungen (engl.: Multi-Point-Constraint, kurz: MPC) beschrieben werden, in das Gesamtgleichungssystem integriert werden. Formell erfolgt dies über die Lagrange-Gleichungen [SHAB13]. Das gekoppelte Gleichungssystem

$$\boldsymbol{M}\ddot{\underline{x}}(t) + \boldsymbol{D}\dot{\underline{x}}(t) + \boldsymbol{K}\underline{x}(t) = \underline{f}(t) + \underline{g}(t) \tag{2.54}$$

enthält zusätzlich zu den schon bekannten Termen die internen Koppelstellenkräfte $\underline{g}(t)$, die mithilfe von Zwangsbedingungen bestimmt werden müssen. Praktisch bedeutet dies, dass die Steifigkeits- bzw. Dämpfungskonstanten über die Zwangsbedingungen in die Steifigkeits- und Dämpfungsmatrix integriert werden und der Term der Koppelstellenkräfte aus Gleichung 2.54 eliminiert wird.

Das gekoppelte Gleichungssystem hat wieder die Form von Gleichung 2.15. Da FE-Matrizen in der Regel eine hohe Anzahl an Freiheitsgraden besitzen, ist eine Berechnung des vollständigen Systems rechenintensiv. Gerade bei dynamischen Problemen, die eine hohe zeitliche oder frequenzbasierte Auflösung der Berechnungsergebnisse erfordern, nehmen die Berechnungen viel Rechenzeit in Anspruch. Der Rechenaufwand lässt sich durch das Werkzeug der Modalen Reduktion deutlich reduzieren. Da die Schwingungsantwort linearer Systeme eine Superposition der Schwingungsantworten der Eigenformen des Systems ist, muss das Gleichungssystem aus Gleichung 2.15 zunächst modal entkoppelt werden. Die Entkopplung erfolgt über die Matrix der Eigenformen, die über die Lösung des Eigenwertproblems

$$(\boldsymbol{K} - \lambda_i^2 \boldsymbol{M})\underline{q_i} = \underline{0} \tag{2.55}$$

bestimmt wird. Die Lösungen von Gleichung 2.55 sind die Eigenwerte λ_i und die dazugehörige Eigenvektoren q_i. Mit Hilfe dieser Größen ist es möglich, die Massen- und Steifigkeitsmatrix mit Hilfe von

$$\boldsymbol{Q}^T \boldsymbol{M} \boldsymbol{Q} = \widetilde{\boldsymbol{M}} \tag{2.56}$$

$$\boldsymbol{Q}^T \boldsymbol{K} \boldsymbol{Q} = \widetilde{\boldsymbol{K}}. \tag{2.57}$$

zu diagonalisieren. Die Matrizen $\widetilde{\boldsymbol{M}}$ und $\widetilde{\boldsymbol{K}}$ sind Diagonalmatrizen und enthalten die modalen Massen und modalen Steifigkeiten des transformierten Systems. Der Vorteil der Transformation besteht darin, dass die Eigenfrequenzen bzw. -vektoren, die außerhalb des für die Analyse interessierenden Bereichs liegen, aus den Matrizen gestrichen werden können. Ein System mit N Freiheitsgraden wird somit in N Systeme mit einem Freiheitsgrad zerlegt. Neben der Möglichkeit der Reduktion besteht ein weiterer zentraler Vorteil der Methode, dass jedem einzelnen Freiheitsgrad auch eine für ihn spezifische modale Dämpfung zugeordnet werden kann. Dies ist vor allem im Hinblick auf die Kombinationen numerischer und experimenteller Verfahren von Bedeutung, da modale Dämpfungen direkt aus experimentellen Analysen gewonnen werden können.

2.4 Modellierung der Dämpfungseigenschaften

Modeling of damping properties

Die Einbindung von Dämpfungseffekten in die Simulation erfolgt rein formell über die in Gleichung 2.14 eingeführte allgemeine Größe κ, die jedoch in den wenigsten Fällen zur Verfügung steht. Zur Berücksichtigung der Dämpfungseigenschaften existieren daher verschiedene mathematische oder experimentelle Ansätze. Grundsätzlich besteht die Möglichkeit, Dämpfung zunächst gänzlich zu vernachlässigen. Zur Bestimmung der Eigenfrequenzen eines Systems ist dieser Ansatz zulässig, da die Dämpfung die Lage der Eigenfrequenzen nur wenig beeinflusst, vgl. Abbildung 2.1. Für prognosefähige Simulationen ist diese Vereinfachung nicht zulässig, da die Dämpfung für die Ausprägung der Amplituden in den Eigenfrequenzen ein Haupteinflussfaktor ist. Basierend auf ihren Wirkmechanismen werden in der Mechanik hauptsächlich drei Dissipationsquellen als ursächlich für die Dämpfung angesehen. Dies sind die Flüssigkeitsreibung, die Festkörperreibung und die Werkstoffdämpfung. Die Flüssigkeitsreibung wird innerhalb eines Feder-Dämpfer-Modells, dass z. B. auch beim Einmassenschwinger genutzt wird, vgl. Abbildung 2.9a, meist als geschwindigkeitsproportionale viskose Dämpfung modelliert. Die dissipierte Energie innerhalb eines Belastungszyklus wird durch eine Hysteresekurve beschrieben und die Steigung der Hysterese gibt die Federsteifigkeit des Feder-Dämpfer-Modells an. Eine weitere gängige Möglichkeit Energiedisspation zu modellieren, ist die Reibungsdämpfung. Auch sie kann anhand einer Hysteresekurve verdeutlicht werden, wodurch klar wird, dass es sich um ein nichtlineares System handelt, dessen einfacher Formulierung die Nachteile bei der Lösung der entsprechenden nichtlinearen Verhaltens entgegenstehen, vgl. Abbildung 2.9b.

Da zwar, wie eben dargelegt, ausreichend Modelle der Dämpfung existieren, diese aber oftmals in der Praxis große Schwierigkeiten bei der Parametrierung bereiten, gibt es noch eine Reihe weiterer Konzepte, die zur Modellierung der Dämpfung angewendet werden. Diese sollen in den nachfolgenden Kapiteln kurz erläutert werden.

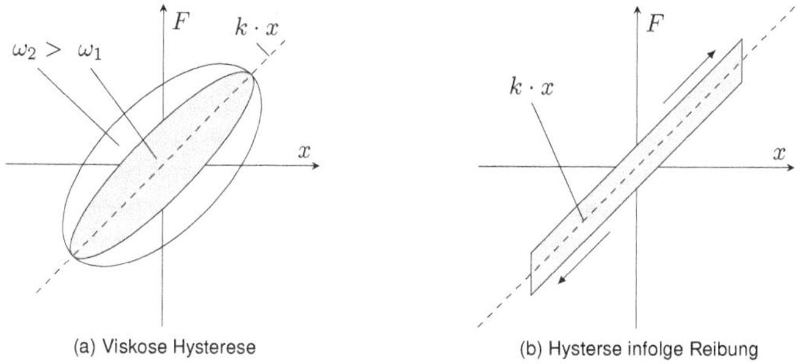

Abbildung 2.9: Darstellung verschiedener Dämpfungshysteresen bei viskoser Dämpfung (a) und Reibungsdämpfung (b) nach [DRES12]

Representation of different damping hystereses in viscous damping (a) and frictional damping (b) according to [DRES12]

2.4.1 Rayleigh-Dämpfung

Rayleigh *damping*

Eine der einfachsten Methoden der Dämpfungsmodellierung ist als Bequemlichkeitshypothese oder auch Rayleigh-Dämpfung bekannt. Sie ist eine sogenannte Caughey-Dämpfung, deren Eigenschaften dazu führen, dass Eigenvektoren des ungedämpften und gedämpften Systems gleich sind [MARK13]. Durch ihre mathematisch einfache Beschreibung in der Form von

$$\boldsymbol{D} = \alpha \boldsymbol{M} + \beta \boldsymbol{K} \tag{2.58}$$

ist sie attraktiv für grobe Schätzungen. Der masseproportionale Anteil entspricht einer äusseren Dämpfung, d. h. ist abhängig von der Absolutbewegung des Systems, der steifigkeitsproportionale Anteil einer inneren Dämpfung, welcher abhängig von den Relativbewegungen des Systems ist. Generell dominiert der masseproportionale Anteil im niederen Frequenzbereich, während im höheren Frequenzbereich das Dämpfungsverhalten maßgeblich vom steifigkeitsproportionalen Anteil bestimmt wird. Darüber hinaus besteht die Möglichkeit, einen Frequenzbereich zu definieren, in dem der Dämpfungsgrad nahezu konstant bleibt. Die Koeffizienten für diesen Bereich lassen sich dann mittels zweier experimentell ermittelter Dämpfungsgrade D_n und D_m unter Verwendung der Berechnungsvorschrift

$$\begin{Bmatrix} \alpha \\ \beta \end{Bmatrix} = 2\frac{\omega_m\omega_n}{\omega_n^2-\omega_m^2}\begin{bmatrix} \omega_n & -\omega_m \\ -1/\omega_n & 1/\omega_m \end{bmatrix}\begin{Bmatrix} D_m \\ D_n \end{Bmatrix} \tag{2.59}$$

bestimmen. Für den häufigsten Fall, dass das System mehr als zwei Freiheitsgrade hat, werden die Koeffizienten α und β so ermittelt, dass die Dämpfung in der Umgebung der Erregerfrequenzen möglichst gut mit den vorgegebenen Dämpfungsgraden übereinstimmt.

2.4.2 Strukturdämpfung

Structural damping

Oftmals werden Dämpfungseffekte eines Systems durch den Ansatz einer viskosen Dämpfung nicht korrekt wiedergegeben. Die Gründe hierfür können vielseitig sein, meist ist es jedoch eine Überlagerung mehrerer Effekte, die durch den Ansatz nicht richtig beschrieben werden können. Für diesen Fall bleibt dann nur die experimentelle Untersuchung einer Struktur, um ein tieferes Verständnis für die vorliegenden Dämpfungseffekte zu generieren. Die Erfahrung zeigt, dass die Dämpfung in einem breiteren Frequenzband auf einem Niveau verharrt. Ein diesen Sachverhalt realisierendes Dämpfungsmodell ist die Strukturdämpfung ψ, die mathematisch innerhalb einer Bewegungsgleichung mit

$$\boldsymbol{M}\underline{\ddot{x}} + \boldsymbol{K}\left(\boldsymbol{E} + i\psi\right)\underline{x} = \underline{F}(t) \tag{2.60}$$

formuliert wird. Dabei ist $\boldsymbol{E}$ die Einheitsmatrix. Es ist zu beachten das diese Modellierung aufgrund der angesetzten komplexen Steifigkeit mathematisch korrekt nur im Frequenzbereich, das heißt, nur für fouriertransformierte Zustandsgrößen, gültig ist. Im Vergleich mit der viskosen Dämpfung zeigt sich, dass der Ansatz der strukturellen Dämpfung ein über den gesamten Frequenzbereich gleichbleibendes Dämpfungsmaß zur Folge hat, vgl. Abbildung 2.10. Unter Anwendung gemessener Werte, dann durch die strukturelle Dämpfung auch ein mit der Frequenz abnehmendes Dämpfungsmaß realisiert werden.

2.4.3 Lokale Dämpfungsmodellierung

Local damping models

Die bisher vorgestellten Dämpfungsmodelle tragen dem Umstand Rechnung, dass Dämpfung meist nur schwer zu erfassen ist. Oftmals sind die dämpfenden Effekte durch Nichtlinearitäten

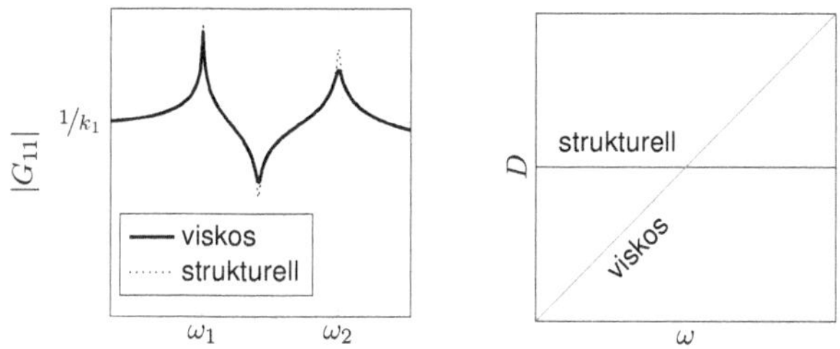

(a) Nachgiebigkeit (b) Dämpfungskonstante

Abbildung 2.10: Modellierung eines Zwei-Massen-Schwingers mit viskoser und struktureller Dämpfung

Compliance frequency response of a two-mass oscillator using viscous and structural damping

beeinflusst oder von vielen Parametern abhängig und daher in Modellen nur schwer umzusetzen. Hinzu kommt, dass in den meisten maschinenbaulichen Systemen aufgrund einer von metallischen Werkstoffen dominierten und steifen Bauweise nur wenig Dämpfung vorherrscht, weshalb die vereinfachten Modelle in der Regel anwendbar und auch zulässig sind. Der Grund für ihre Anwendung ist in den meisten Fällen aber nicht die Komplexität der Systeme, sondern vielmehr der Mangel an Dämpfungsmodellen für die vielen verschiedenen Anwendungsfälle. Für die lokale Dämpfungsmodellierung, also die Modellierung der Dämpfungskräfte an der Stelle, an der sie wirken, werden solche Modelle benötigt. Grundsätzlich können derartige Modelle rein mathematischer Natur sein. In den meisten Fällen ist es dennoch sinnvoll, sie zum besseren Verständnis ihres Verhaltens aus einer physikalischen Modellierung, aus Experimenten oder aus einer Kombination beider Bereiche zu beziehen. Im Kontext der Werkzeugmaschine beschäftigt sich daher bereits [KUNC13] mit den in Vorschubachsen vorherrschenden Dämpfungen und deren nichtlinearen Eigenschaften. Fey leitet in [FEY15] aus seinen Untersuchungen die Eignung bestimmter Modellierungsstrategien für die Komponenten einer Linearachse ab. Dabei wird der Einfluss verschiedener, für das System Linearachse, relevanter Parameter wie Frequenz, Vorspannung, Schmierung und Vorschubgeschwindigkeit auf Frequenzganguntersuchungen betrachtet und aus den einzelnen Sensitivitäten eine geeignete Modellierung abgeleitet. In [NIEH15], [SCHW16] und [REBE19] wird die Dämpfung einzelner Komponenten im System Werkzeugmaschine im Sinne einer prognosefähigen Systemsimulation ganzheitlich betrachtet. Auch die Betrachtung von Spindellagern wird hier vorgenommen, der jedoch im Kontext der Simulation eines gesamten Werkzeugmaschinensystems eine deutlich untergeordnete Rolle zukommt.

Der Vorteil der lokalen Dämpfungsmodellierung ist, dass Dämpfung in das System dort eingebracht wird, wo sie wirkt. Damit wird die Möglichkeit einer Abschätzung der Einflussnahme auf das Gesamtsystem an der Stelle des Auftretens der Dämpfungskräfte ermöglicht. Des Weiteren lassen sich durch Modelle Abweichungen im realen System vorhersagen bzw. während des Betriebs beobachten. Aus mathematischer Sicht, vor allem der modalen Betrachtungsweise, sind lokale Dämpfungsmodelle jedoch wesentlich schwieriger zu behandeln. Da ihre Nutzung im Allgemeinen zu, im Vergleich zum ungedämpften System, veränderten Eigenvektoren führt. Diese haben zudem noch die Eigenschaft, dass sie komplexwertig sind. Möchte man ein allgemeines mechanisches System mit lokaler Dämpfungsmodellierung, d.h. mit nichtsymmetrisch besetzter Dämpfungsmatrix, in Modalform bringen, also das Gleichungssystem diagonalisieren, ist die mathematische Herangehensweise etwas anders als für symmetrische Systemmatrizen. Diese Vorgehensweise wird in dieser Arbeit jedoch nicht verwendet, weshalb an dieser Stelle auf die Literatur z.B. [MAIA97; EWIN01] verwiesen wird.

2.5 Messtechnische Erfassung dynamischer Kenngrößen

Experimental investigation of dynamic systems

Zur Bewertung des dynamischen Verhaltens können verschiedene Kenngrößen durch experimentelle Verfahren gewonnen werden. Grundsätzlich basieren die meisten Verfahren auf der Messung von Frequenzgängen, die dann mithilfe verschiedener mathematischer Verfahren zu einem dynamischen Modell kombiniert werden. Die gemessenen Frequenzgänge geben in der Strukturdynamik meist das Verhältnis von Systemantwort zur anregenden Kraft an. In der Regel werden Akzeleranz (auch Inertanz), Mobilität (auch Admittanz) oder Dynamische Nachgiebigkeit respektive deren Kehrwerte (Dynamische Masse, Impedanz, Dynamische Steifigkeit) angeben. Mathematisch handelt es sich bei einem Frequenzgang um einen komplexen Vektor, der durch Zuhilfenahme der komplexen Zahlenebene Amplitudenverhältnis sowie Phasenlage von Anregung und Antwort zueinander beschreibt. In der Strukturdynamik wird die Beschreibungsweise eines Systems genutzt, um Resonanzfrequenzen zu bestimmen. Diese sind für den Betrieb von besonderer Relevanz, da bei ihrer Anregung besonders hohe Belastungen auftreten. Ziel von Frequenzgangmessungen ist es meist, die kritischen Resonanzfrequenzen zu bestimmen, um sie im Betrieb vermeiden zu können oder ein mathematisches Modell eines Systems abzuleiten, dass für weitere Untersuchungen, beispielsweise die Auslegung von Reglern, verwendet wird.

Ausgehend von der Messung zweier Signale

$$x_T(t), t \in [0, T_{mess}] \tag{2.61}$$

$$y_T(t), t \in [0, T_{mess}] \tag{2.62}$$

wobei x das Anregungssignal und y das Antwortsignal sind, werden die gemessenen Zeitreihen zunächst in den Frequenzbereich transformiert. Die Transformation erfolgt mithilfe der Fouriertransformation

$$X(\Omega) = \mathcal{F}\left\{x_T(t)\right\} = \int_{-\infty}^{\infty} x(t)e^{-i\Omega}dt \tag{2.63}$$

und entspricht der Abbildung eines im Allgemeinen aperiodischen Signals auf ein kontinuierliches Spektrum. Aufgrund der Verwendung digitaler Rechnersysteme erfolgt die Verarbeitung von Messsignalen diskret, weshalb Gleichung 2.63 in der praktischen Umsetzung durch

$$\tilde{X}(\Omega_k) = \frac{X_T(\Omega_k)}{N\Delta t} \approx \frac{1}{N}\sum_{n=0}^{N-1} x(t_n)e^{-i\Omega_k t_n} \tag{2.64}$$

beschrieben wird [COOL65]. Die Bildung von Übertragungsfunktionen erfolgt nach Berechnung der Fourierspektren entweder direkt mit deren Hilfe über

$$H_0 = \frac{\tilde{Y}(\Omega)}{\tilde{X}(\Omega)} \tag{2.65}$$

oder durch die Ermittlung der Auto- und Kreuzleistungsdichtespektren

$$S_{xx} = \lim_{T\to\infty} \frac{1}{2T}|\mathcal{F}x_T(t)|^2 \tag{2.66}$$

$$S_{xy} = \lim_{T\to\infty} \frac{1}{2T}\left\{\mathcal{F}^* x_T(t)\mathcal{F}^* y_T(t)\right\}. \tag{2.67}$$

Die darauffolgende Ermittlung der Übertragungsfunktion erfolgt aus den Leistungsdichten mittels

$$H_1(\Omega) = \frac{S_{\tilde{x}\tilde{y}}(\Omega)}{S_{\tilde{x}\tilde{x}}(\Omega)} \tag{2.68}$$

$$H_2(\Omega) = \frac{S_{\tilde{y}\tilde{y}}(\Omega)}{S_{\tilde{y}\tilde{x}}(\Omega)} \tag{2.69}$$

$$H_3(\Omega) = \frac{1}{2}\left[H_1(\Omega) + H_2(\Omega)\right]. \tag{2.70}$$

Dabei sind Leistungsdichten ein Maß dafür, wie die Leistung eines Signals x innerhalb eines Frequenzbereichs verteilt ist, bzw. welchen Leistungsanteil ein Signal x an einem weiteren Signal y verrichtet. Der Vorteil der Verwendung der Leistungsdichten gegenüber den Fourierspektren ist, dass Fehlersignale bei ersteren linear in die Schätzung der Übertragungsfunktion Eingang finden, während die Verwendung der Leistungsspektren erlaubt, dass entweder Fehler im Antwortsignal (H_1) oder im Erregersignal (H_2) eliminiert werden. In dieser Arbeit werden daher abhängig vom Versuchsaufbau ausschließlich die Methoden H_1 bis H_3 genutzt. Der Vollständigkeit halber soll noch die H_v-Methode genannt werden, deren Schätzung der Übertragungsfunktion auf der Singulärwertzerlegung und der Lösung eines Eigenwertproblems basiert [ROCK85].

2.5.1 Bestimmung von Dämpfungswerten

Determination of damping properties

Generell existieren verschiedene Methoden, die Dämpfung eines Systems zu bestimmen. Um Aussagen über das allgemeine Dämpfungsniveau zu treffen, bietet sich die modale Dämpfung an. Diese ist ein Maß für die Dämpfung einer einzelnen Eigenmode. Sie kann mithilfe der experimentellen Modalanalyse gewonnen und dann beispielsweise in Simulationen verwendet werden. Nachteilig an dieser Methode ist, dass es keine Möglichkeit gibt, sie durch Berechnungen a priori abzuschätzen. Sie ist damit ein rein experimentelles Maß und daher für den Einsatz von Prognosemodellen wenig geeignet. Zur Untersuchung des Dämpfungsverhaltens von Systemen ist die modale Dämpfung gut geeignet, da sie als Indikator für die Sensitivität der Dämpfung einer Eigenmode, infolge von Parametervariationen, genutzt werden kann. Erfahrungsgemäß liegt sie in maschinenbaulichen Strukturen, die größtenteils aus Stahlbauteilen bestehen, zwischen 0,1% und 2% [DRES12]. Zur Bestimmung der modalen Dämpfung gibt es verschiedene Möglichkeiten. Grundsätzlich lassen sich die Verfahren in lokale und globale Verfahren unterscheiden. Während die lokalen Methoden gut geeignet sind einzelne, isolierte Resonanzstellen anzunähern, kommen globale Methoden eher bei komplexen Systemen mit vielen, nah beieinander liegenden Resonanzstellen zum Einsatz. Unter den lokalen Methoden ist die Wurzel-2-Methode die gängigste. Sie wird mithilfe der Rechenvorschrift

$$D = \frac{\omega_{i,2} - \omega_{i,1}}{2\omega_{i,0}} \tag{2.71}$$

gebildet, wobei $\omega_{i,0}$ die i-te Resonanzfrequenz ist und $\omega_{i,1}$ bzw. $\omega_{i,2}$ die Frequenzen, bei denen die Amplitude der i-ten Resonanzfrequenz um den Faktor $\sqrt{2}$ abgefallen ist. Dieser Wert leitet sich aus dem Abfall der Schwingungsenergie um die Hälfte seines Spitzenwertes bei $\omega_{i,0}$, her. Ihr Nachteil besteht darin, dass benachbarte Eigenmoden die zu untersuchende Eigenmode beeinflussen können und somit das Ergebnis verfälschen. Sie ist also vor allem anzuwenden, wenn einzelne isolierte Moden eines Systems betrachtet werden können.

Deutlich gängiger nach dem Stand der Technik sind globale Verfahren, die auf Basis eines Optimierungsalgorithmus ein mathematisches Modell, bestehend aus Pol- und Nullstellen dahingehend optimieren, dass es möglichst gut zu den durchgeführten Messungen passt. Die globalen Verfahren lassen sich in frequenzbasierte und zeitbasierte Verfahren unterscheiden. Bei den zeitbasierten Verfahren hat sich die Least-Square-Complex-Exponential (LSCE) Methode [BROW79] durchgesetzt, während als Pendant im frequenzbasierten Bereich die Least-Square-Complex-Frequency (LSCF) Methode [GUIL98] bzw. deren Erweiterung PolyMAX [PEET04] zu finden ist. Die globalen Methoden sind für eine automatisierte Anwendung bei einer hohen Anzahl von Messungen prädestiniert, weil keine Fallunterscheidung zwischen nah beieinander liegenden Moden durchgeführt werden muss. Aus diesem Grund werden sie in der vorliegenden Arbeit bevorzugt genutzt. Eine vollständige Übersicht gängiger Fit-Verfahren ist [HEYL98, S. A.3] zu entnehmen.

2.5.2 Ermittlung von Modellparametern aus gemessenen Frequenzgängen

Determination of model parameters from measured frequency responses

Eine Methode, physikalische Systemparameter wie viskose Dämpfung und Steifigkeit zu bestimmen, bedient sich ebenfalls der Formulierung eines Optimierungsproblems auf Basis von Gleichung 2.15 und der Messung von Übertragungsfunktionen. Hierfür muss die beschreibende Gleichung das reale Verhalten jedoch bereits möglichst gut abbilden, um verwertbare Ergebnisse zu erhalten. Durch Finden einer Lösung des Gleichungssystems

$$\underline{e} = \underline{F}_{exp} - \underline{F}_{sim} = \underline{F}_{exp} - \left[\boldsymbol{K} - \boldsymbol{M}\Omega^2 + i\Omega\boldsymbol{D}\right] \cdot \underline{x} \tag{2.72}$$

$$= \underline{F}_{exp} - \begin{bmatrix} -\Omega_i^2 x_i & i\Omega_i x_i & x_i \end{bmatrix} \begin{bmatrix} m \\ d \\ k \end{bmatrix} \tag{2.73}$$

können die Parametermatrizen $\boldsymbol{M}$, $\boldsymbol{K}$ und $\boldsymbol{D}$ bzw. die Parameter m_i, k_i und d_i bestimmt werden. Notwendig dafür ist der gemessene Kraftvektor $\underline{F}_{exp}$ und der gemessene Verlagerungsvektor $\underline{x}$. Da zur Bestimmung der Parameter im einfachsten Fall eines Systems mit einem Freiheitsgrad bereits mindestens drei Gleichungen notwendig sind, wird Gleichung 2.73 für jede gemessene Frequenzstützstelle aufgestellt. Dadurch entsteht ein überbestimmtes Gleichungssystem, dass beispielsweise mit Hilfe der Methode der kleinsten Fehlerquadrate gelöst werden kann [COTT84; ECKE84]. Voraussetzung ist, dass sich für die vermessene Struktur ein, die realen Bedingungen möglichst gut abbildendes, physikalisches Modell herleiten lässt. Dadurch wird das Verfahren besonders für einfache Strukturen mit wenigen Freiheitsgraden attraktiv.

3 Motivation und Zielsetzung

Motivation and Objectives

Die Prognose des Verhaltens technischer Systeme ist nach wie vor das designierte Ziel vieler ingenieurswissenschaftlicher Forschungsbereiche. Durch die stetige Zunahme der Berechnungsleistung moderner Rechnersysteme können durch komplexe Modelle zuverlässige Vorhersagen statischer, dynamischer und thermischer Größen durchgeführt werden. Die Berechnung des statischen Verhaltens von Spindelsystemen inklusive der Bestimmung der statischen Steifigkeiten ist heute eine Standardaufgabe und ohne großen rechnerischen Aufwand zu bewältigen. Hingegen ist die Prognose des dynamischen Verhaltens nach wie vor eine Aufgabe, die tiefergehende Expertise in der Maschinendynamik erfordert. Da sie mit einem hohen Grad an Unsicherheit behaftet ist, stellt sie Ingenieure noch immer vor Herausforderungen. Hinzu kommt, dass für eine Abbildung des gesamten Betriebsbereichs eine lineare Modellierung aufgrund der nichtlinearen Charakteristik des Hertz'schen Kontakt in den Spindellagern oftmals nicht ausreicht. Die grundlegenden Methoden zur Beschreibung des Verhaltens sind aus der theoretischen und experimentellen Strukturdynamik und anderen Fachdisziplinen zwar weitestgehend bekannt, jedoch fehlt es an einer Methodik, deren Anwendung Unsicherheiten in der Modellbildung reduzieren kann oder diese zumindest durch Abschätzung oberer und unterer Grenzwerte mit in die Betrachtungen einbezieht. Aus vielen experimentellen Untersuchungen, die in Kapitel 2 vorgestellt werden, ist bekannt, dass gemessene Dämpfungswerte zum Teil erheblich schwanken, auch dann, wenn das System zwischen zwei Messungen nicht verändert wird. Erfahrungswerte zeigen Schwankungen von bis zu 100%. Dieses stochastische Verhalten macht es schwierig, verlässliche Dämpfungsmodelle zu entwickeln. Um dennoch zumindest qualitative Ansätze für bestimmte Anwendungen zu finden, ist es daher notwendig, in entsprechenden Experimenten besonders detailliert vorzugehen und Einflüsse klar voneinander zu trennen. Weiterhin gibt es in der Literatur vielversprechende Ansätze, das Verhalten vorherzubestimmen. Diese Ansätze sind theoretisch verwendbar, bisher jedoch nicht in aller Konsequenz umgesetzt und damit für die Praxisanwendung untauglich. Daher sollen sowohl die experimentellen als auch praktischen Aspekte der Wälzlagerdämpfung in dieser Arbeit untersucht werden. Weiterhin existieren neben den Prognosemodellen auch Anwendungen von Berechnungsmodellen, die einen Kompromiss zwischen Vorhersagegenauigkeit und Berechnungszeit erfordern. Als Beispiel ist hier die Einbindung von Berechnungsmodellen in die echtzeitnahe Berechnung größerer, technischer Systeme zu nennen. Als konkretes Beispiel kann hier die Qualitätsprognose der spanenden Bearbeitung herangezogen werden [BREC19]. Ziel ist es hier die Verlagerung am TCP zu bestimmen und somit die Bauteilqualität im Moment des Bearbeitungsprozesses zu beobachten. Nachgeschaltete Analysewerkzeuge können damit z. B. den notwendigen Zeitpunkt des Werkzeugtausches oder Schädigungen im Antriebssystem im Sinne einer Predicitive Maintenance erkennen. Abhängig davon, welche Modelltiefe vorliegt, ist die Abbildung unterschiedlicher Effekte möglich. Bewerten lässt sich das Spindelverhalten durch Betrachtungen im Frequenzbereich, z. B. durch Berechnung von Frequenzgängen. Zusammenfassend ist der Bedarf an Dämpfungsmodellen für die Dynamiksimulation, trotz der bereits umfangreichen Arbeiten, die in Kapitel 2 vorgestellt wurden, nach wie vor groß. In Tabelle 3.1 wird daher detailliert auf durch die Literatur abgedeckten und nicht abgedeckten Punkte eingegangen und die Forschungslücken übersichtlich dargestellt.

Tabelle 3.1: Einordnung der Publikationen, die sich mit der Dämpfung in Wälzlagern befassen
Classification of publications dealing with damping in rolling bearings

Quellen	Hochdrehzahl-anwendung	Prüfstands-validierung	Dämpfungs-modell	Punktkontakt	Linienkontakt	Parameter-einflüsse	Experimentelle Dämpfung	EHD-Berechnungen
[ELSE76]	○	○	○	○	●	◔	◓	○
[KLUM80]	◔	◔	◓	●	●	◔	◓	◓
[STON82]	◔	○	◔	○	●	◔	◔	○
[WALF83]	◔	◓	○	●	○	◓	◔	○
[OPHE86]	◔	◓	◓	●	○	◓	◓	◓
[ZEIL95]	◔	◔	◔	●	●	◔	◔	◔
[DIET97]	◔	◓	◓	●	●	◓	◓	◕
[WIJN98]	○	◔	◓	●	○	◓	○	●
[LAMB06]	○	○	◔	○	●	○	○	○
[JACO14]	◔	◓	◓	●	○	◓	◓	○
[WIEG15]	◕	○	◕	○	●	○	○	●

Legende: ● - Fokus der Publikation ○ - Keine Relevanz in Publikation

Anhand der Zusammenfassung ist deutlich zu erkennen, dass der bisherige Fokus auf der Erstellung von Modellen und experimentellen Untersuchungen lag, jedoch weniger diese miteinander in Einklang zubringen. Weiterhin wurden bisher keine Untersuchungen in höheren Drehzahlbereichen durchgeführt. Darauf bezugnehmend wird das Forschungsziel dieser Arbeit wie folgt formuliert:

Der Einsatz von a priori durchgeführten EHD-Berechnungen soll die Prognosemöglichkeit von Spindelsystemen mit vorgespannten Hochgenauigkeits-Schrägkugellagern verbessern.

Aus diesem Ziel in Zusammenspiel mit den dargelegten Defiziten lässt sich die Forschungshypothese dieser Dissertation ableiten zu:

EHD-Kontaktberechnungen können für die Entwicklung eines Dämpfungsmodells für vorgespannte Spindellager verwendet werden. Der Übergang vom Kontaktmodell auf das Lagermodell erfolgt dabei über eine Koordinatentransformationen der Einzelkontakte und anschließende Mittelung der einzelkontaktspezifischen Kontaktdämpfungen.

Um die Forschungshypothese zu bestätigen oder zu widerlegen, werden im Verlauf der Arbeit die drei nachfolgenden Forschungsfragen beantwortet:

Forschungsfrage I

Existiert ein Zusammenhang zwischen inneren Lagergrößen und der Lagerdämpfung, der durch den Einsatz einfacher mathematischer Zusammenhänge beschrieben werden kann?

Forschungsfrage II

Lässt sich aus diesem Zusammenhang ein einfaches, betriebspunktabhängiges Modell ableiten, das für die Dynamiksimulation von Hauptspindelsystemen einsetzbar ist und mit experimentellen Ergebnissen gute Übereinstimmung zeigt?

Forschungsfrage III

Können mit dem Modell bessere Ergebnisse bei der Prognose des dynamischen Hauptspindelverhaltens erzielt werden?

Zur Beantwortung der Forschungsfragen ist die vorliegende Arbeit nach der in Abbildung 3.1 dargestellten Struktur aufgebaut. Kapitel 4 beinhaltet den Aufbau eines theoretischen Dämpfungsmodells basierend auf EHD-Kontaktrechnungen. In Kapitel 5 werden zunächst Untersuchungen am Lagerprüfstand zum Einfluss der Lagerpassungen auf die Lagerdämpfung durchgeführt. Hierzu kommt die in der Literatur gängige Methode der Lagerersatzkörper zur Bestimmung des Passfugeneinflusses zum Einsatz. Aufbauend darauf werden Versuche an marktüblichen Spindellagern im Stillstand und unter Drehzahl durchgeführt. Die Ergebnisse werden mit Simulationsrechnungen, unter Einsatz des in Kapitel 4 ermittelten Dämpfungsmodells, verglichen und die Simulationsgüte bewertet. Abschließend wird in Kapitel 6 eine Prognose eines im industriellen Einsatz befindlichen Spindelsystems durchgeführt und mit Messungen verglichen, was letztlich der Überprüfung der Praxistauglichkeit des Modells unter realen Bedingungen dient.

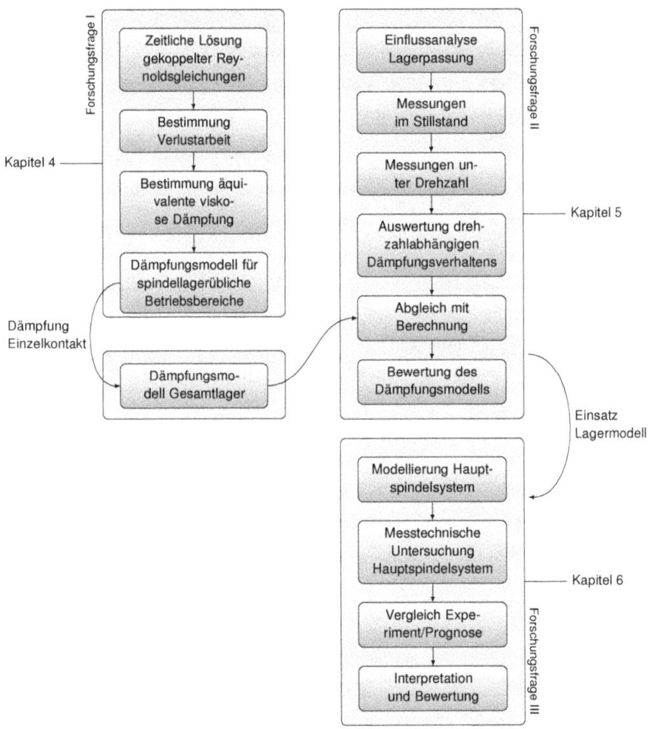

Abbildung 3.1: Aufbau der Arbeit und Zuordnung der Kapitel zu den einzelnen Forschungsfragen

Structure of this thesis and assignment of the chapters to the individual research questions

4 Elastohydrodynamische Kontaktdämpfung in Spindellagern

Elastohydrodynamic contact damping in spindle bearings

Der Wälzkontakt wird, wie eingehend in Kapitel 2 beschrieben, in den meisten Fällen durch die Hertz'sche Theorie abgebildet. Der Vorteil dieser Theorie ist, dass sie sich numerisch oder analytisch sehr schnell umsetzen lässt, die Berechnung selbst sehr schnell erfolgt und die Implementierung in größere Modelle dementsprechend unkompliziert ist. Sie enthält jedoch keine Aussage über den Einfluss des Schmierstoffes im Wälzkontakt auf das Kontaktverhalten. Da aus der Literatur z. B. [WIJN99a; WIJN99b] bekannt ist, dass die Dämpfung hauptsächlich aus dem Verhalten des Schmierfilms im Einlaufbereich des Kontakts herrührt, muss zur Ermittlung eines Dämpfungsmodells der Schmierfilm bei der Berechnung berücksichtigt werden. Das nachfolgende Kapitel beschäftigt sich daher mit der praxisnahen Wälzkontaktsimulation und darauf aufbauend der theoretischen Ermittlung eines Dämpfungsmodells.

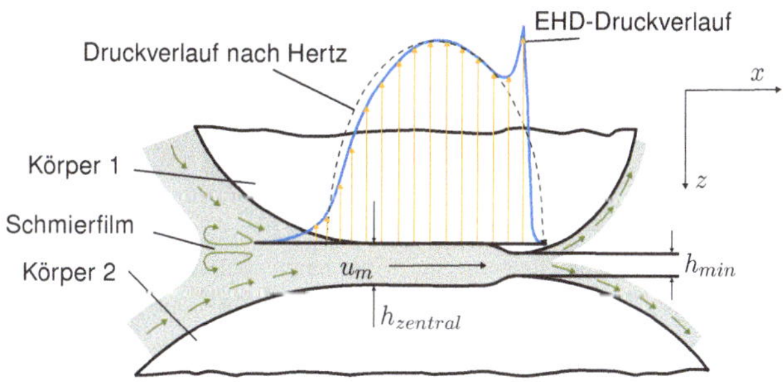

Abbildung 4.1: Schematische Darstellung eines elastohydrodynamischen Kontakts in Anlehnung an [SCHA21, S. 694]

Scheme of an elastohydrodynamic lubricated contact according to [SCHA21, S. 694]

4.1 Mathematische Beschreibung des Kontaktproblems

Modeling of the contact problem

Die mathematische Beschreibung einer Strömung in einem engen Spalt, wie sie in einem Wälzkontakt vorliegt, erfolgt häufig mithilfe der Reynoldsgleichung aus Gleichung 2.34, auf deren Basis die elastohydrodynamische Kontakttheorie entwickelt wurde. Sie vereint die Zusammenhänge des Drucks im Schmierspalt mit der elastischen Verformung der beteiligten Kontaktpartner infolge des sich ausbildenden, im Schmierspalt ansteigenden Drucks. In ähnlicher Weise wie die Reynoldsgleichung schon zur Ableitung von Dämpfungsparametern für Gleitlager verwendet wurde [MERK80], kann sie zu diesem Zweck für Wälzlager verwendet werden. Dabei muss Modellbildung im Fall des Wälzkontaktes aufgrund der Kopplung zwischen Fluid und Festkörper numerisch vorgenommen werden. Zur Vereinfachung der mathematischen Formulierung des Kontaktproblems werden die Gleichungen nachfolgend in entdimensionierter Form verwendet. Dies führt zum einen zu einer Verallgemeinerung des Problems und hat zum anderen bei der Umsetzung der Berechnung den Vorteil, dass einige wenige Größen zur Beschreibung des Problems genutzt werden können. Die Reynoldsgleichung aus Gleichung 2.34 hat, unter der Voraussetzung, dass die Kontaktpartner sich nur in x-Richtung bewegen und der Kontakt zudem vollständig mit Schmierstoff gefüllt ist, in dimensionsloser Schreibweise die Form

$$\frac{\partial}{\partial X}\left(\xi\frac{\partial P}{\partial X}\right)+\frac{\partial}{\partial Y}\left(\xi\frac{\partial P}{\partial Y}\right)+-\overline{u}\frac{\partial\overline{\rho}H}{\partial X}-\frac{\partial\overline{\rho}H}{\partial T}+\Lambda=0. \tag{4.1}$$

Dabei ist Λ ein Penalisierungsfaktor zur Vermeidung von negativen Druckzuständen, der Koeffizient ξ wird bestimmt durch $\xi(P,H)=\frac{\overline{\rho}(P)H^3}{\overline{\eta}(P)\overline{\lambda}}$, X und Y sind die normierten Koordinaten, P der dimensionslose Druck, H die dimensionslose Schmierfilmhöhe und $\overline{\lambda}$ eine dimensionslose Hilfsgröße.

Der zweite wesentliche Teil des Gleichungssystems beschreibt das Verhalten der mechanischen Verformungen im Kontakt. Nach dem Ansatz aus [BOUS85] und dessen Weiterentwicklung auf das Gebiet der Wälzlager in [HART79; HART80] kann die elastische Deformation im Wälzkontakt mithilfe von

$$\Delta(X,Y)=\frac{2}{\pi^2}\int_{-\infty}^{\infty}\int_{-\infty}^{\infty}\frac{P(X',Y')dX'dY'}{\sqrt{(X-X')^2+(Y-Y')^2}} \tag{4.2}$$

beschrieben werden. Zur Lösung des Kontaktproblems ist weiterhin das Kräftegleichgewicht für den Wälzkörper notwendig, das sich mit

$$\int_{-\infty}^{\infty} P(X)dX = \frac{\pi F_K}{2} \tag{4.3}$$

beschreiben lässt. Die Gleichungen 4.1 bis 4.3 beschreiben das EHD-Kontaktproblem vollständig, ohne jedoch thermische Einflüsse zu berücksichtigen. Diese werden in den nachfolgenden Betrachtungen zunächst vernachlässigt. Eine Berücksichtigung des Temperatureinflusses erfolgt weiter unten insofern, als dass die Viskosität und Dichte des berechneten Schmieröls verringert werden, um den Einfluss einer Temperaturerhöhung auf die Ergebnisse qualitativ abzuschätzen. Dies wird gegenüber einer Integration der Wärmegleichung in den Berechnungsalgorithmus, vor dem Hintergrund ohnehin schon sehr zeitintensiver Rechnungen, als ausreichend für das Dämpfungsmodell angesehen.

Mit der Lösung der Gleichungen 4.1 bis 4.3 kann somit das theoretische Verhalten des EHD-Kontakts unter dynamischer Last berechnet und bewertet werden. Die Ergebnisse können dann weiterhin genutzt werden, um ein vereinfachtes Modell des Verhaltens zu entwickeln. Da die Gleichungen numerisch gelöst werden müssen, ist die in dieser Arbeit angewandte Lösungsmethode das Thema des nächsten Unterkapitels.

4.2 Numerische Lösung des Kontaktproblems

Numeric solution of the contact problem

Zur numerischen Lösung des EHD-Kontakts müssen die in Kapitel 4.1 dargelegten Gleichungen durch diskrete Gleichungen angenähert werden. Die für diese Arbeit verwendeten Diskretisierungsschemata für die partiellen Ableitungen sind im Wesentlichen der Arbeit [MAIE15] entnommen und können dort nachvollzogen werden. Die numerischen Eigenschaften des Gleichungssystems wurden bereits ausführlich in [VENN91; WIJN98] behandelt. Die Diskretisierung von Gleichung 4.1 auf einem in beide Richtungen äquidistanten Gitter mit den Knotenbezeichnungen i_x und i_y mit den Knotenanzahlen n_x und n_y ist gegeben durch

$$f_{p,i_x i_y j} = \frac{\partial}{\partial X}\left(\xi \frac{\partial P}{\partial X}\right)\bigg|_{i_x i_y j} + \frac{\partial}{\partial Y}\left(\xi \frac{\partial P}{\partial Y}\right)\bigg|_{i_x i_y j} + -\overline{u}\frac{\partial \overline{\rho} H}{\partial X}\bigg|_{i_x i_y j} - \frac{\partial \overline{\rho} H}{\partial T}\bigg|_{i_x i_y j} + \Lambda_{i_x i_y j} = 0. \tag{4.4}$$

Da es sich bei der Kontaktdämpfung um einen zeitlichen Effekt im Rahmen des dynamischen Verhaltens handelt, ist zusätzlich zur örtlichen Diskretisierung ebenfalls eine zeitliche Diskretisierung zum Zeitpunkt j notwendig. Die diskrete Gleichung für den elastischen Teil des Kontaktproblems wird durch die Formulierung

$$f_{\Delta,i_x i_y j} = \Delta_{i_x i_y} - \sum_{i_x=1}^{n_x} \sum_{i_y=1}^{n_y} K_{i_x i_y i'_x i'_y} P_{i'_x i'_y} = 0 \tag{4.5}$$

bestimmt. Dabei ist $K_{i_x i_y i'_x i'_y}$ eine zeitinvariante, zweidimensionale Matrix der Größe $(n_x n_y)^2$, die berücksichtigt, dass die lokale Verteilung der Belastung $P_{i'_x i'_y}$ über der Kontaktfläche, Auswirkungen auf die Verlagerung $\Delta_{i_x i_y}$ an jeder Stelle innerhalb der Kontaktfläche hat. Im klassischen Sinne handelt es sich damit um eine Steifigkeitsmatrix. Allgemein lässt sie sich mit

$$K_{i_x i_y i'_x i'_y} = \frac{2}{\pi^2} \int_{X_{i'_x} - \frac{h_x}{2}}^{X_{i'_x} + \frac{h_x}{2}} \int_{Y_{i'_y} - \frac{h_y}{2}}^{Y_{i'_y} - \frac{h_y}{2}} \frac{dY' dX'}{\sqrt{(X_{i_x} - X')^2 + (Y_{i_y} - Y')^2}} \tag{4.6}$$

angeben. Eine analytische Beschreibung der Matrix in Gleichung 4.6 ist beispielsweise durch Gleichung 2.31 gegeben. Die diskret aufgelösten, verformungsabhängigen Drücke im Kontakt müssen sich im Gleichgewicht zu den externen, am Wälzkörper angreifenden Lasten befinden. Letztlich handelt es sich dabei um eine Annahme, die der Simulation des Einzelkontakts geschuldet ist, da in realen Wälzlagern keine externen Kräfte im eigentlichen Sinne am Schwerpunkt des Wälzkörpers angreifen, sondern diese durch die angreifenden Kräfte im Kontakt an der inneren und der äußeren Laufbahn des Wälzlagers im Gleichgewicht gehalten werden. Um jedoch den einzelnen Wälzkontakt berechnen zu können, werden die Lasten, die im realen Betrieb durch die Kontaktflächen am Außen- bzw. Innenring eingeleitet werden, zu einer Kraft summiert und auf den Schwerpunkt des Wälzkörpers in der Simulation aufgeprägt. Die Ersatzkraft enthält ebenfalls die bei der entsprechenden Drehzahl wirkenden Fliehkräfte. Das daraus resultierende Kräftegleichgewicht ist mit

$$f_{h0} = \sum_{i'_x=1}^{n_x} \sum_{i'_y=1}^{n_y} P_{i'_x i'_y} - \frac{2\pi \overline{w}}{3 h_x h_y} = 0 \tag{4.7}$$

zu berechnen. Das vollständige gekoppelte Gleichungssystem lässt sich mit den oben dargelegten Gleichungen wie folgt darstellen

$$\underline{f}_j(\underline{z}_j, \underline{z}_{j-1}, \underline{z}_{j-2}, \underline{\mu}, u_j) = \begin{bmatrix} \underline{f}_{p,j}(\underline{z}_j, \underline{z}_{j-1}, \underline{z}_{j-2}, \underline{\mu}, u_j) \\ \underline{f}_{\Delta_j}(\underline{z}_j) \\ f_{h0,j}(\underline{z}_j, u_j) \end{bmatrix} = \underline{0} \tag{4.8}$$

wobei $\underline{f}_j$ das Zielfunktional ist, dessen Nullstelle zur Bestimmung einer Lösung gefunden werden muss. Der Vektor $\underline{z}$ enthält die Lösungsvektoren des Drucks $\underline{p}$, der Deformation $\underline{\Delta}$ und der Starrkörperbewegung h_0. In $\underline{\mu}$ sind die Materialparameter zusammengefasst und in u die Eingangsfunktion der Last. Da es sich um ein nichtlineares Gleichungssystem handelt, muss diese Lösung iterativ bestimmt werden. Hierfür wird in dieser Arbeit das Newton-Raphson Verfahren

$$\boldsymbol{J_f}^{(k-1)} \Delta \underline{z}_j^{(k)} = -\underline{f}_j^{(k-1)} \tag{4.9}$$

$$\underline{z}_j^{(k)} = \underline{z}_j^{(k-1)} + \omega \Delta \underline{z}_j^{(k)} \tag{4.10}$$

verwendet. Die Lösung des Gleichungssystems 4.8 muss bei der Berechnung eines Schwingungsvorgangs des EHD-Kontakts für jeden Zeitschritt j gelöst werden. Dies erhöht den Zeitaufwand der Berechnungen zwar beträchtlich, ist aber für die Bestimmung des dynamischen Parameters der Dämpfung zwingend notwendig. Als Anfangswerte für die dynamische Simulation wird im ersten Zeitschritt die statische Lösung verwendet. Die Anfangswerte für das Druck- und Verformungsfeld im ersten statischen Berechnungsschritt bestehen hingegen aus den Lösungen der Hertz'schen Pressungs- und Verformungsverteilung, vgl. Gleichung 2.23.

Untersuchungen des eingesetzten Schmierstoffs Klübersynth FB-68

Für alle in dieser Arbeit durchgeführten Experimente, die der Aufklärung der Forschungsfragen I und II dienen, wurde durchgängig das Spindellageröl Klübersynth FB-68 verwendet. Um das Dämpfungsverhalten in den später folgenden Simulationen möglichst gut abzubilden, wurde der Schmierstoff tribologisch untersucht. Die Ergebnisse finden Eingang in die theoretische Modellierung und werden nachfolgend kurz dargestellt.

Durchgeführt wurden zum einen Versuche an einem Hochdruckviskosimeter, um die Entwicklung der Viskosität unter hohen Drücken zu kennen. Zum anderen wurden Versuche an einem Tribometer durchgeführt, um die Abhängigkeit der Reibkraft vom Schlupf im Kontakt zu bestimmen. Des Weiteren dienen die Versuche am Hochdruckviskosimeter der Bestimmung des Druck-Viskositäts-Koeffizienten, der zur Bestimmung bestimmter Schmierfilmgrößen (vgl. Kapitel 2) notwendig ist. Das Druck-Viskositäts-Verhalten wird nach [GOLD03] mit der Beziehung

$$\eta(p, \vartheta) = K \cdot exp\left(\frac{B}{C+\vartheta} + \frac{p}{a_1 + a_2\vartheta + (b_1 + b_2\vartheta)p}\right) \tag{4.11}$$

angenähert, die einer Kombination der Formeln aus [BARU93] und [RODE80] entspricht und die sowohl die Druck- als auch die Temperaturabhängigkeit des Schmierstoffverhaltens abbildet. Die Ergebnisse der Untersuchungen sind in Abbildung 4.2 dargestellt. Durch die Untersuchungen kann das Modell der dynamischen Viskosität aus Gleichung 4.11 parametriert und in den nachfolgenden EHD-Berechnungen verwendet werden.

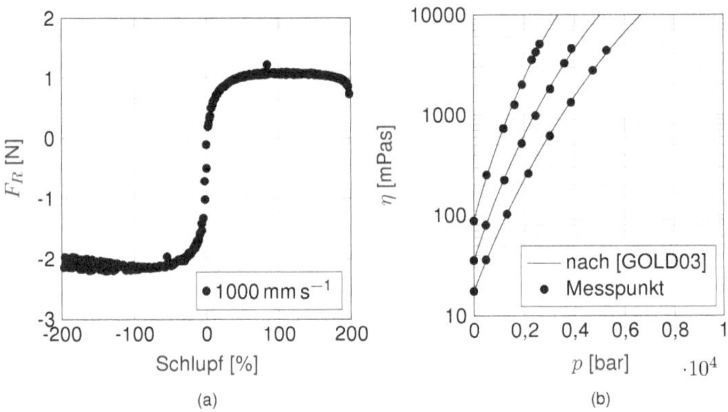

Abbildung 4.2: Experimentell bestimmte Schmierstoffdaten Klübersynth FB-68: (a) Reibkurve und (b) Druck-Viskositätsverhalten (Messungen durchgeführt am MSE der RWTH Aachen)

Experimentally determined lubricant data Klübersynth FB-68 fine-filtered spindle oil: (a) friction curve and (b) pressure-viscosity behavior (measurements carried out at MSE of RWTH Aachen)

4.3 Qualifizierung des Modells

Model qualificiation

Erste mit dem vorgestellten Modell berechnete Ergebnisse zeigen beispielhaft die charakteristische Ausprägung des im EHD-Kontakt zu erwartenden Verhaltens. Die Darstellungen in Abbildung 4.3 zeigen die für den EHD-Kontakt typischen Kurvenformen. Sowohl der charakteristische EHD-Peak am Kontaktauslass als auch die sich bei hohen Lasten einstellende Ähnlichkeit zum Hertz'schen Kontakt sind anhand des Druckprofils erkennbar, vgl. Abbildung 4.3a. Die Darstellung der dimensionslosen Schmierfilmhöhe in Abbildung 4.3b zeigt ebenfalls das charakteristische Plateau in der Mitte des Kontakts sowie an dessen Rand in Richtung des Auslasses eine entsprechende Verringerung des Schmierfilms, korrespondierend mit dem Anstieg des Drucks in dieser Kontaktregion.

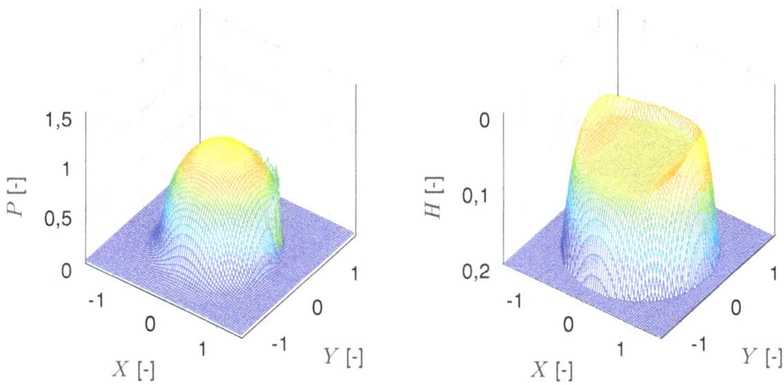

(a) 3D-Druckprofil (b) 3D-Schmierfilmhöhenprofil

Abbildung 4.3: Charakteristische Berechnungsergebnisse eines EHD-Kontakts
Characteristic results of a calculated EHL-Contact

Der in Abbildung 4.4 dargestellte Schnitt sowohl des Drucksprofils auch des Verlaufs der Schmierfilmhöhe an der Stelle $Y = 0$ verdeutlicht nochmals den Unterschied zwischen einer EHD-Berechnung und der klassischen Kontaktberechnung nach Hertz. Besonders die Bereiche am Kontaktein- und -auslauf sind von der Schmierfilmbildung beeinflusst. Aus der Literatur ist bekannt, dass diese Bereiche hauptsächlich für die Ausbildung eines Dämpfungsverhaltens des Wälzkontakts verantwortlich sind [WIJN98, S. 97]. Zur Weiterverwendung des in dieser Arbeit verwendeten Berechnungsmodells des Wälzkontakts, muss dieses hinsichtlich seiner Ergebnissensitivität auf die Netzqualität untersucht werden. Hierzu wird zunächst ein Abgleich mit

Literaturwerten vorgenommen, die bei gleicher Modellparametrierung berechnet wurden, vgl. Tabelle 4.1. Der Vergleich zeigt eine Abweichung von drei bis vier Prozent, was in Anbetracht einer zum Vorteil der Rechenzeit genutzten geringeren Knotenzahl, als sie in der Literatur verwendet wird, als gutes Ergebnis zu bewerten ist. Die Anzahl der zu lösenden Gleichungen nimmt aufgrund der Natur des 2D-Problems mit der Knotenzahl quadratisch zu, was dazu führt, dass die Berechnung mit sehr feinen Gittern sehr zeitaufwendig ist. So soll nachfolgend aufgezeigt werden, dass mit gröberen Gitterauflösungen ebenfalls sehr gute Ergebnisse bei gleichzeitig vertretbarem Rechenaufwand erreicht werden können. Die Sensitivität der Dämpfungsberechnung auf die Netzgröße wird in einem späteren Abschnitt gesondert behandelt.

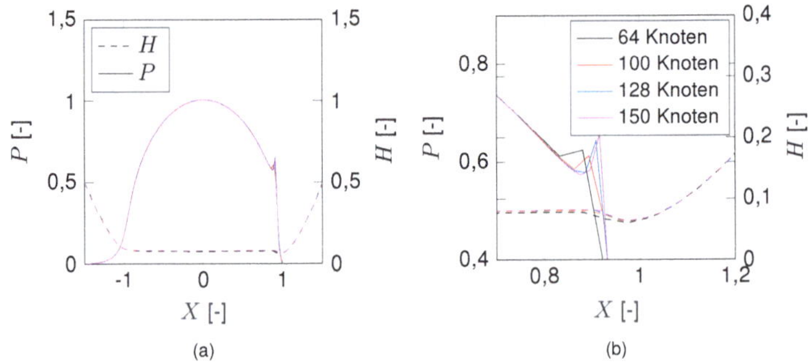

Abbildung 4.4: Gegenüberstellung der zentralen Druck- und Schmierfilmhöhenverläufe bei verschiedener Anzahl von Knoten

Comparison of the central pressure and lubricant film height curves at different numbers of nodes

Durch den Vergleich mit den Literaturwerten ist erwiesen, dass das Modell das theoretische Verhalten korrekt wiedergibt. Weiterhin ist aus der Literatur bekannt, dass EHD-Berechnungen bezüglich der Schmierfilmhöhe mit Experimenten am Tribometer vergleichbare Ergebnisse liefern [VENN91]. In den nachfolgenden Kapiteln soll mithilfe der Lösung der vorgestellten Berechnungen die Beantwortung von Forschungsfrage I erfolgen und die Zusammenhänge zwischen inneren Lagergrößen und dem Dämpfungsverhalten erarbeitet werden.

Tabelle 4.1: Vergleich der berechneten Schmierfilmhöhen bei $X = 0$ mit Literaturergebnissen
Comparison of calculated film thickness to literature results at $X = 0$

Quelle	H_c [-]	$\Delta[\%]$
[VENN91]	0,08144	3,00
[HABC08]	0,08222	3,92
[MAIE15]	0,08178	3,40
Modell dieser Arbeit	0,07942	-

4.4 Ermittlung der Kontaktdämpfung

Determination of contact damping

Die Ermittlung der Kontaktdämpfung erfolgt in der vorliegenden Arbeit auf Basis der Hystereseigenschaften des Kontakts. In Kapitel 2 wurden bereits die unterschiedlichen Formen und Modellierungsmethoden für Dämpfungseffekte vorgestellt. Da im vorliegenden Fall die Eigenschaften des Schmierfilms zu einer dämpfenden Wirkung bei vorliegender erzwungener Schwingung des Kontakts führen, wird die mechanische Analogie zur Flüssigkeitsreibung genutzt, um ein Modell zur Dämpfungsidentifikation abzuleiten. Basis hierfür ist die pro Belastungszyklus dissipierte Verlustarbeit

$$E_{diss} = \oint F dx, \tag{4.12}$$

die infolge der Belastung der im Schmierfilm wirkenden Reibkräfte zur Bildung der Hysterese führt. Unter der Annahme, dass sich das Kontaktverhalten innerhalb eines Belastungszyklus linear verhält, kann der Kontakt als lineares Feder-Dämpfer-Element modelliert werden. Die von der Hysterese eingeschlossene Fläche ist damit gleich der Verlustarbeit

$$E_{diss} = \pi \Omega \hat{x} d\,, \tag{4.13}$$

die ein idealer Dämpfer unter zyklischer Belastung erfährt, wobei d der viskosen Dämpfungskonstanten aus Gleichung 2.1 entspricht. In Abbildung 4.5 ist eine für die Simulationsergebnisse charakteristische Hysterese in Form einer Kraft-Verlagerungs-Kurve dargestellt. Die schmale Ausprägung der Hysterese lässt wie erwartet eine relativ geringe Dämpfungswirkung des Kontakts erkennen. Weiterhin wird durch die Darstellung klar, dass die Annahme eines linearviskosen Verhaltens gerechtfertigt ist. Die eingezeichnete Steigung der Hysteresekurve ist ein Maß für die Steifigkeit des geschmierten Wälzkontakts. Im Beispiel beträgt dieser Wert 38 N/μm, was mit einer Abweichung von etwa 2,5 % dem Wert der Steifigkeit bei einem reinen Hertz'schen Kontakt entspricht. Betrachtet man den Wälzkontakt als Reihenschaltung der Steifigkeit des Wälzkörpers und der Steifigkeit des Schmierfilms, wird durch die geringe Abweichung von Hertz'schen Kontakt und EHD-Kontakt klar, dass der Schmierfilm kaum zu einer Steifigkeitsreduktion führt, sondern ebenfalls über eine sehr hohe Steifigkeit verfügt. Der Grund für die negativen Verlagerungswerte ist, dass für bestimmte Betriebsparameter die zentrale Filmdicke die Verlagerung infolge der elastischen Deformation übersteigt. Diese Beobachtung in den Berechnungen deckt sich mit den Erkenntnissen aus [WIJN98].

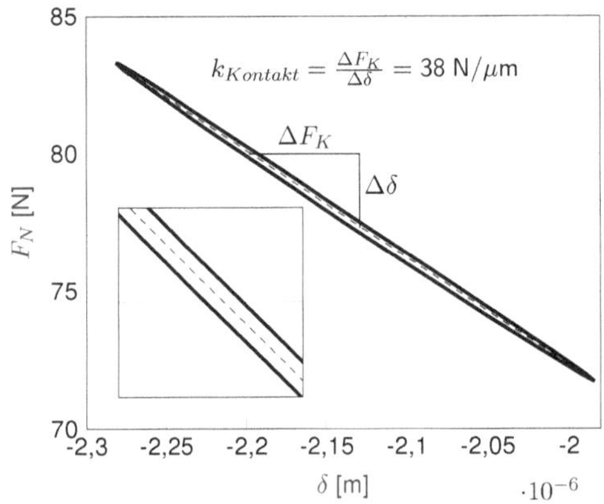

Abbildung 4.5: Beispielhafte Darstellung einer Hysteresekurve als Ergebnis einer Kontaktberechnung mit harmonischer Anregung

Example of a hysteresis curve as the result of a contact calculation with harmonic excitation

In [WIJN98] wird weiterhin darauf hingewiesen, dass die Anregungsfrequenz weitestgehend keinen Einfluss auf die Dämpfung hat. Allerdings scheint dies nur für dimensionslose Anregungsfrequenzen $\Omega_e > 2\pi$ zu stimmen, wobei dieser Bereich für die hier zu untersuchenden Anwendungen nicht relevant ist, da er sich jenseits von 2 kHz befindet. Da geringere Anregungsfrequenzen deutlich größere Simulationszeiten mit sich bringen fehlen bisher Aussagen zum niederfrequenten Bereich. In den nachfolgenden Berechnungen wird dieser Problematik durch eine Verringerung der Auflösung des Berechnungsnetzes begegnet. Da die Verluste im EHD-Kontakt hauptsächlich durch den Einlaufbereich des EHD-Kontakts bestimmt sind und dieser bei hochbelasteten Kontakten auch durch ein gröberes Netz noch eine gute Annäherung erfährt, wird dieser Kompromiss zwischen Rechenaufwand und Genauigkeit als hinnehmbar beurteilt. Zur Abschätzung des Einflusses der Netzauflösung auf die Dämpfung werden Simulationsrechnungen durchgeführt, deren Ergebnisse Tabelle 4.2 zu entnehmen sind.

Tabelle 4.2: Relative Abweichungen der Kontaktsteifigkeit und -dämpfung
Relative deviations of contact stiffness and contact damping

Netzauflösung	Steifigkeit k $[\frac{N}{m}]$	Dämpfung d $[\frac{Ns}{m}]$	Δ_d $[\%]$
10 x 10	$2{,}3314 \cdot 10^7$	82,7034	10,12
20 x 20	$2{,}3314 \cdot 10^7$	77,5964	3,32
30 x 30	$2{,}3314 \cdot 10^7$	75,4483	1,63
50 x 50	$2{,}3541 \cdot 10^7$	76,3538	0,67
80 x 80	$2{,}3563 \cdot 10^7$	75,6330	0,42
100 x 100	$2{,}3554 \cdot 10^7$	75,1303	-

4.5 Ableitung eines Dämpfungsmodells aus der EHD-Kontaktberechnung

Derivation of an EHL based damping model

Zur Bestimmung der Kontaktdämpfung in Abhängigkeit der Kontaktparameter wird ein für Spindellager der weiter unten untersuchten Baugrößen charakteristisches Parameterfeld aufgespannt. Dies geschieht anhand der in Kapitel 2.2.1 dargelegten iterativen Lagerberechnung auf Basis des Hertz'schen Kontakts. Als Beispiellager dient hier der Typ B71916-E, bei dem es sich um ein normalkugeliges Stahlkugellager mit Druckwinkel 25° für mittlere bis höhere Drehzahlen handelt. Abbildung 4.6 zeigt die für einen Standardanwendungsfall berechneten inneren Lagergrößen zweier baugleicher Lager für eine starre Anstellung in O-Anordnung.

Mit dem bekannten Parameterraum stellt sich die Frage nach den zu berechnenden Betriebspunkten. Da die Berechnung eines Betriebspunktes mit transienter Last erheblichen Rechenaufwand in Anspruch nimmt, muss eine gegenüber dem Parameterraum repräsentative Verteilung der zu berechnenden Betriebspunkte vorgenommen werden. Da es an den Parameterrändern besonders bei niedrigen Lasten und Kontaktgeschwindigkeiten zur Instabiltät des verwendeten Newton-Raphson-Verfahrens kommen kann, werden diese Stabilitätsgrenzen der Simulation als Ränder des zu berechnenden Parameterraums definiert. Auf Basis dieser Ränder wird ein vollfaktorieller Versuchsplan erstellt. Dieser kann dann als Fundament für ein quadratisches

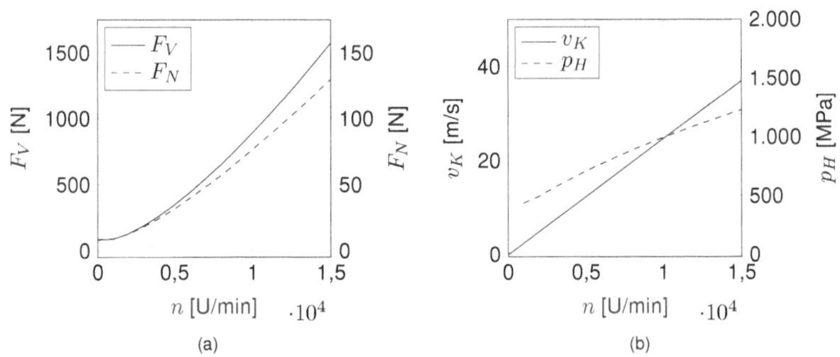

Abbildung 4.6: Charakteristische Kurven zur Beschreibung der Kontaktlasten des Lagertyps B71916-E ohne externe Last

Characteristic curves describing the contact loads in bearing type B71916-E without external load

Beschreibungsmodell genutzt werden, mit dessen Hilfe auch nichtlineare Zusammenhänge beschrieben werden können [SIEB17]. Um die Variantenvielfalt für die Simulation innerhalb vertretbarer Grenzen zu halten, wurden als Haupteinflussparameter die Kontaktgeschwindigkeit v_K, die Anregungsfrequenz f, die statische Kontaktvorlast F_{stat} sowie die dynamische Lastamplitude F_{dyn} festgelegt. Im Allgemeinen haben noch mehr Parameter wie z. B. der Schmierstoff und die Werkstoffpaarung Einfluss auf das Kontaktverhalten, welche später gesondert untersucht werden. Zunächst sollen jedoch die Parameter umfangreich untersucht werden, die auch in den später nachfolgenden Versuchen variiert werden können bzw. durch Betriebseinflüsse variieren. Der vollständige Versuchsplan für die durchzuführenden Simulationen ist dieser Arbeit in Anhang A zu entnehmen. Die in den Berechnungen konstant gehaltenen Parameter sind der Tabelle 4.3 zu entnehmen. Die nachfolgend angewandten Methoden orientieren sich an den Methoden der Versuchsplanung für rechnergestützte Experimente.

Tabelle 4.3: Tabelle der im vollfaktoriellen Versuchsplan konstant gehaltenen Parameter

Table of parameters held constant for the full-factorial DOE-design

η [Pa s]	ρ [kg/m^3]	ϕ [-]	R_K [mm]	E' [GPa]	F_{dyn} [N]
0,058	864	0,07	5	230	0,05 - 0,1 F_{stat}

Um die Ergebnisse der durchgeführten Simulationen bewerten zu können, werden diese zunächst qualitativ hinsichtlich ihrer sogenannten Effekte auf das Ergebnis bewertet. Effekte sind rein qualitativ zu betrachtende Größen, die den Einfluss eines bestimmten Parameters auf das interessierende Ergebnis, im relativen Vergleich zum Einfluss anderer Parameter, angeben. Dabei werden die Einflussparameter f, F_{stat}, v_K und F_{dyn} als Faktoren F_i bezeichnet. Der Wert eines spezifischen Parameters für einen bestimmten Versuch nennt sich Einstellung. Das zu untersuchende Ergebnis, hier die Kontaktdämpfung, ist das Qualitätsmerkmal und der Effekt der Einfluss des Faktors auf das Qualitätsmerkmal. Der Effekt auf das Qualitätsmerkmal, hier $\overline{D}$, wird mittels der Gleichung

$$\overline{D}_{F_i,s_i} = \frac{\sum_{n=1}^{N/m} D_{F_i,s_i,n}}{N/m} \tag{4.14}$$

bestimmt. Dabei ist D das Ergebnis der Dämpfung des jeweiligen Versuchs im Versuchsplan, N die Anzahl der Versuche, die auf dieser Stufe, genannt s, stattgefunden haben und m die Anzahl der Stufen des Versuchsplans. Die Anzahl der Stufen ist dabei von der Wahl des Versuchsplans selbst abhängig. Aufgrund der zu erwartenden Nichtlinearitäten wurde in dieser Arbeit ein dreistufiger vollfaktorieller Versuchsplan verwendet. Abbildung 4.7 zeigt die Haupteffekte der festgelegten Faktoren auf das Qualitätsmerkmal Dämpfung $\overline{D}$. Für die Faktoren F_{Stat} und v_K ist ein deutlicher Einfluss zu erkennen. Der Faktor f zeigt einen leicht linear abnehmenden Einfluss und F_{dyn} hat kaum einen Einfluss. Ein leichter Abfall der Dämpfung über der Frequenz f wurde auch durch die Ergebnisse in [WIJN98] bestätigt, dort allerdings für einen deutlich größeren Frequenzbereich, der jedoch den hier festgelegten Parameterbereich nicht abdeckte.

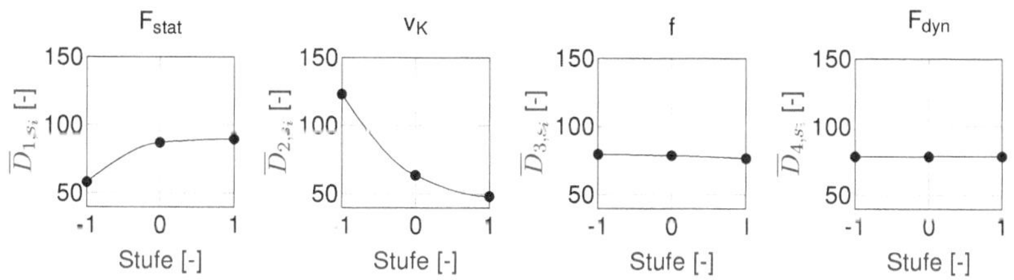

(a) Statische Last (b) Kontaktgeschwindigkeit (c) Frequenz (d) Dynamische Lastamplitude

Abbildung 4.7: Haupteffekte der untersuchten betriebsbedingten Einflussgrößen

Main effects of the investigated operational parameters

Durch die Bestimmung der Haupteffekte lässt sich zwar festlegen, welche Einflussfaktoren maßgeblich auf das Ergebnis Einfluss nehmen, es lässt sich aber keine Aussage darüber treffen, inwiefern dieses Ergebnis zusätzlich von den Einstellungen der übrigen Faktoren abhängig ist. Hierzu werden die sogenannten Wechselwirkungen bestimmt. Sie geben darüber Aufschluss, inwiefern das Ergebnis zu einem bestimmten Faktor von der Einstellung eines anderen Faktors abhängig ist. Bei insgesamt vier Einflussfaktoren beläuft sich die Zahl möglicher Wechselwirkungen auf insgesamt zwölf Kombinationen, welche mithilfe der nachfolgenden Formel berechnet werden können.

$$\overline{D}_{F_i,F_j,s_i,s_j} = \frac{\sum_{n=1}^{\sqrt{N}} D_{F_i,F_j,s_i,s_j,n}}{\sqrt{N}} \tag{4.15}$$

Die Ergebnisse der Wechselwirkungen sind in Abbildung 4.8 dargestellt. Die Anordnung der Graphen ist dabei an eine zweidimensionale Matrix angelehnt. Die Zeilen- und Spaltenindices i und j stehen für die Faktoren, deren Wechselwirkung miteinander im Bezug auf das Qualitätsmerkmal betrachtet wird. Für den Fall $i = j$ sind keine Graphen dargestellt, da keine Wechselwirkung eines Faktors mit sich selbst existiert. Die Verläufe der einzelnen Graphen entsprechen in ihren qualitativen Verläufen der Darstellung in Abbildung 4.7. Für die Bewertung der Wechselwirkung ist die relative Lage der Verläufe zueinander bedeutsam. Sich überschneidende Kurven sind ein Indikator dafür, dass eine Wechselwirkung zwischen beiden Faktoren besteht. Sind die Kurvenabschnitte der korrespondierenden Stufen hingegen parallel zueinander, besteht kein Zusammenhang mit der Einstellung des jeweils anderen Parameters. Aus der Darstellung in Abbildung 4.8 geht somit hervor, dass es zwischen den untersuchten Faktoren insgesamt nur sehr schwache Wechselwirkungen gibt. Daher werden sie in dieser Arbeit auch nicht weiter berücksichtigt.

Mithilfe der genannten Erkenntnisse lässt sich für den untersuchten Parameterbereich ein Beschreibungsmodell der Form

$$y = a_0 + \sum_{i=1}^{n_f} a_i x_i + \sum_{i=1}^{n_f-1} \sum_{j=i+1}^{n_f} a_{ij} x_i x_j + \sum_{i=1}^{n_f} a_{ii} x_i^2 \tag{4.16}$$

für die Dämpfung ableiten. Üblicherweise werden im ersten Schritt lineare Beschreibungsmodelle verwendet, da aber die Nichtlinearität eindeutig aus Abbildung 4.7 hervorgeht, wird hier direkt mit einem nichtlinearen Modell begonnen. Aufgrund der degressiven bzw. regressiven

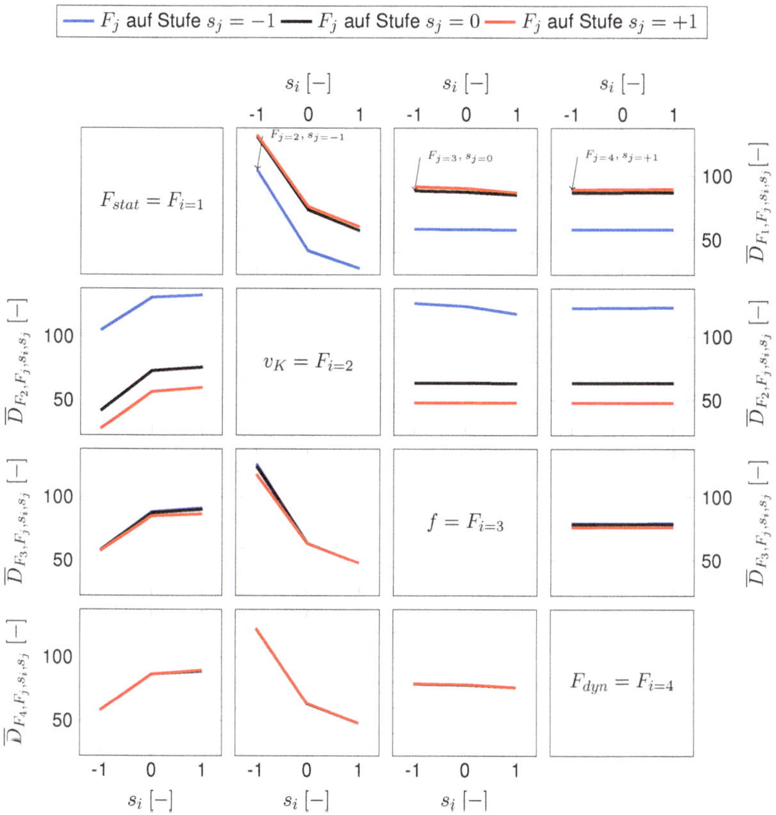

Abbildung 4.8: Wechselwirkungsdiagramme für den durch die Versuchsplanung abgedeckten Parameterbereich

Interaction diagrams for the parameter range covered by the experimental design

Kurvenverläufe der Effekte von F_{stat} und v_K wird Gleichung 4.16 dahingehend angepasst, dass die quadratischen Terme einem degressiven bzw. regressiven Verlauf entsprechen. Die finale Formulierung, die zur linearen Regression der berechneten Ergebnisse verwendet wird, lautet somit

$$D_{ehd}(F_{stat}, v_K) = a_0 + a_1 \ln\left(\frac{F_{stat}}{[N]}\right) + \frac{(a_2 + a_3 v_K^2)}{v_K} + a_4 F_{stat} + a_5 f. \quad (4.17)$$

Dabei ist anzumerken, dass sich sinnvolle Ergebnisse nur für den Bereich $F_{stat} > 0$ und $v_K > 0$ berechnen lassen, da sich ein EHD-Kontakt in jedem Fall nur für diese Minimalbedingungen ausbildet. Die Ergebnisse der linearen Regression sind in Abbildung 4.9 dargestellt. Das Modell zeigt, im für die Berechnungen genutzten Parameterraum, eine gute Näherung an die EHD-Ergebnisse. Die Verläufe über statischer Vorlast F_{stat} und Kontaktgeschwindigkeit v_K werden insgesamt sehr gut abgebildet. Auch der lineare Abfall über der Frequenz f ist gut nachgebildet. Wie bereits vorab erwähnt, wird der Einfluss der dynamischen Lastamplitude F_{dyn} im Modell nicht weiter berücksichtigt, weshalb auch das Modell keinen Einfluss zeigt. Zusätzlich zu den Punkten, die zur Modellableitung genutzt wurden (rot), wurden noch weitere Simulationen für Stützstellen außerhalb des durch die Versuchsplanung abgebildeten Bereichs durchgeführt (blau). Die Ergebnisse sind ebenfalls in Abbildung 4.9 dargestellt. Sie bestätigen die Verläufe der Regressionsfunktion und zeigen zusätzlich die Möglichkeit, die Modellfunktion in gewissen Grenzen auch für eine Extrapolation nutzen zu können, da die letzten beiden Punkte einer Modellkurve nicht mehr zum simulierten Parameterraum der Modellfunktion gehören, jedoch ebenfalls eine gute Übereinstimmung mit den Vergleichswerten der EHD-Rechnung zeigen. Die Parametrierung des Modells erfolgt mithilfe der in Tabelle 4.4 gelisteten Parameter, welche für den untersuchten Betriebsbereich und die in Tabelle 4.3 gegebenen Parameter Gültigkeit besitzen.

Tabelle 4.4: Modellparameter zu Gleichung 4.17

Model parameters for equation 4.17

a_0	a_1	a_2	a_3	a_4	a_5
26,6	12,6	321,9	-0,72	-0,08	-0,0063

Da aus den EHD-Simulation der gesamte Kontakt berechnet wird, besteht mit den gewonnenen Daten auch die Möglichkeit der Betrachtung des Steifigkeitsverhaltens sowie des Einflusses der Betriebsparameter auf selbiges. Die Auswertung erfolgt dabei analog zur Auswertung der

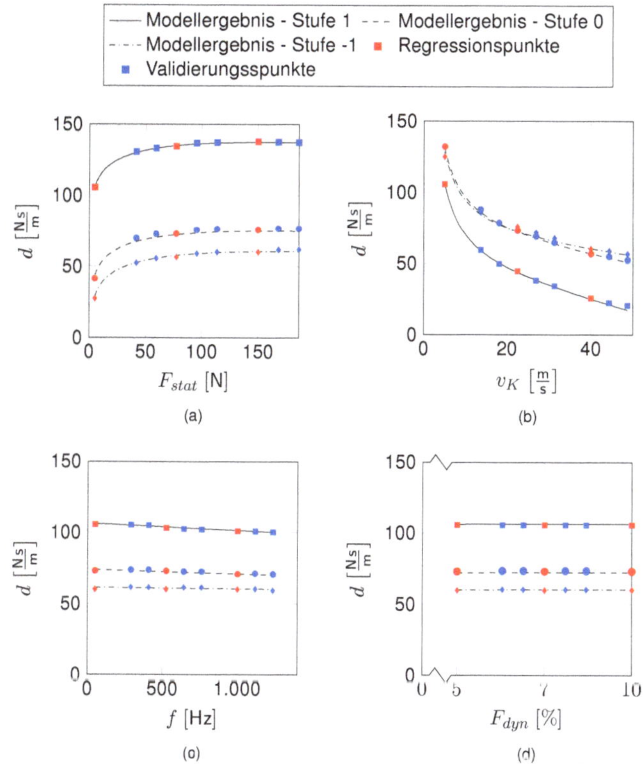

Abbildung 4.9: Ergebnisse des simulationsbasierten Regressionsmodells

Results of the simulation-based regression model of contact damping

Dämpfung. Die Ergebnisse der Modellrechnung sind in Abbildung 4.10 dargestellt. Als Referenz werden ebenfalls die zugehörigen analytisch berechneten Kurven des Hertz'schen Kontakts gezeigt. Anhand von Abbildung 4.10a wird klar, dass zwischen der EHD-Berechnung der Kontaktsteifigkeit in Abhängigkeit der statischen Kontaktlast F_{stat} und der konventionellen analytischen Methode mittels Hertz'schen Kontakts kaum ein Unterschied besteht. Dass sich der hochbelastete EHD-Kontakt an das Druckprofil des Hertz'schen Kontakts annähert, ist ebenfalls in der Literatur [HARR07] beschrieben und bestätigt die hier gewonnenen Ergebnisse. In Abbildung 4.10b ist die Abhängigkeit der Kontaktsteifigkeit von der Kontaktgeschwindigkeit gezeigt. Mit zunehmender Geschwindigkeit nimmt die Steifigkeit leicht ab. Hierbei ist zu berücksichtigen, dass die hier verwendete Modellierung des EHD-Kontakts eine Änderung der Temperatur im Kontakt und die damit einhergehende geringere Viskosität und Dichte des Schmierstoffes nicht berücksichtigt. Da bei höheren Kontaktgeschwindigkeiten der Erfahrung nach auch die Temperaturen des Schmierstoffes zunehmen, ist es wahrscheinlich, dass der Einfluss der Kontaktgeschwindigkeit auf die Steifigkeit im Modell stärker ist, als es im realen Lager der Fall ist.

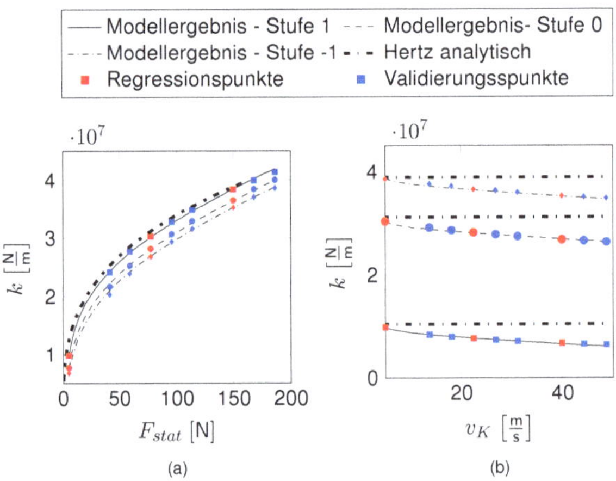

Abbildung 4.10: Ergebnisse des Regressionsmodells der Kontaktsteifigkeit
Results of the regression model for the contact stiffness

4.6 Übertrag der Ergebnisse auf andere Lager und Parameter

Transfer of the results to other bearings and bearing parameters

Mit der in den vorherigen Kapiteln beschriebenen Methode ist es möglich, dass Dämpfungsverhalten des Wälzkontakts theoretisch vorherzubestimmen. Aufgrund der Fülle an Wälzlagervarianten ist es wenig zielführend, für alle möglichen Varianten Modelle abzuleiten. Es ist zu erwarten, dass sich die Ergebnisse zwar quantitativ verändern, das qualitative Verhalten wird indes ähnliche Verläufe zeigen, solange die Voraussetzungen elastohydrodynamischer Schmierung gegeben sind. Nichtsdestotrotz soll an dieser Stelle auf die durch die vorangegangenen Berechnungen nicht variierter Parameter nochmals eingegangen und deren Einfluss untersucht werden. Einflussgrößen, die nicht zum bisher untersuchten Parametersatz gehörten, sind die dynamische Schmierstoffviskosität η, die Schmierstoffdichte ρ, die Wälzkontaktschmiegung Φ, der Wälzkörperradius R_w und der reduzierte E-Modul E' der Kontaktpartner. Die dynamische Lastamplitude F_{dyn} gehörte zwar zu den untersuchten Einflussparametern, jedoch wird für die nachfolgenden Betrachtungen nochmals ihr Bereich erweitert. Als Grundlage für eine weitere Parameterstudie wurden die genannten Größen, wie in Tabelle 4.5 aufgelistet, angepasst. Die Parametervariationen wurden dabei so gewählt, dass sie praktisch relevanten Werten entsprechen. Nachfolgend wurden wieder Simulationsrechnungen entsprechend der in Anhang A zu findenden Versuchsplanung durchgeführt. Dabei wurde für eine erweiterte Betrachtung des Einflusses der dynamischen Lastamplitude lediglich die letzte Spalte der Versuchsplanung angepasst.

Tabelle 4.5: Übersicht der in der Referenz und der in der Parameterstudie verwendeten Werte

Overview of the values used in the reference study and in the parameter study

	η [Pa s]	ρ [kg/m^3]	ϕ [-]	R_w [mm]	E' [GPa]	F_{dyn} [N]
Referenz	0,058	864	0,07	5	230	0,05 0,1 F_{stat}
Variation	0,016	830	0,09	6,5	273	0,01 - 0,5 F_{stat}

In Abbildung 4.11 sind die Ergebnisse der Parameterstudie dargestellt. Wie bereits vermutet, ändern sich die qualitativen Verläufe der Kurven nicht. Die quantitative Ausprägung der Dämpfung ändert sich jedoch infolge mancher Parameteranpassungen deutlich. Als Referenz wird die neutrale Stufe aus Kapitel 4.4 zum Vergleich herangezogen. Die Kurve der gegenüber der Referenz verringerten Dichte (blau) liegt nahezu deckungsgleich auf der Referenzkurve und hat somit nur einen geringen Einfluss auf die Dämpfung. Etwas mehr Einfluss haben sowohl die Schmiegung (rot, Strich-Punkt) als auch die Amplitude der dynamischen Last (grün), wobei auch diese moderat ausfallen. Deutlichen Einfluss auf die Dämpfung haben zum einen die

Parameter Wälzkörperradius und E-Modul. Da der Radius einen maßgeblichen Einfluss auf die Kontaktfläche hat, ist dieser Einfluss zu erwarten. Ein höherer E-Modul wirkt dämpfungssteigernd, da mit ihm die Kontaktsteifigkeit zunimmt und damit die Kontaktfläche abnimmt. Je geringer die Kontaktfläche ist, desto größer ist der Einlaufbereich, der laut [WIJN98] den größten Anteil an der Energiedissipation im Kontakt hat. Zusätzlich wirkt sich eine Verringerung der Schmierstoffviskosität mit negativer Sensitivität auf die Dämpfung aus. In der Parameterstudie entspricht die Viskosität einer Schmierstofftemperatur bei 80 °C. Durch die deutliche Abnahme der Dämpfung bei verringerter Viskosität ist davon auszugehen, dass vor dem Hintergrund einer im Betrieb von Wälzlagern mit der Drehzahl ansteigenden Temperatur, das hier verwendete Modell die Dämpfung überschätzt. Die berechneten Ergebnisse sind in sich schlüssig und zeigen gute Übereinstimmung mit Literaturergebnissen.

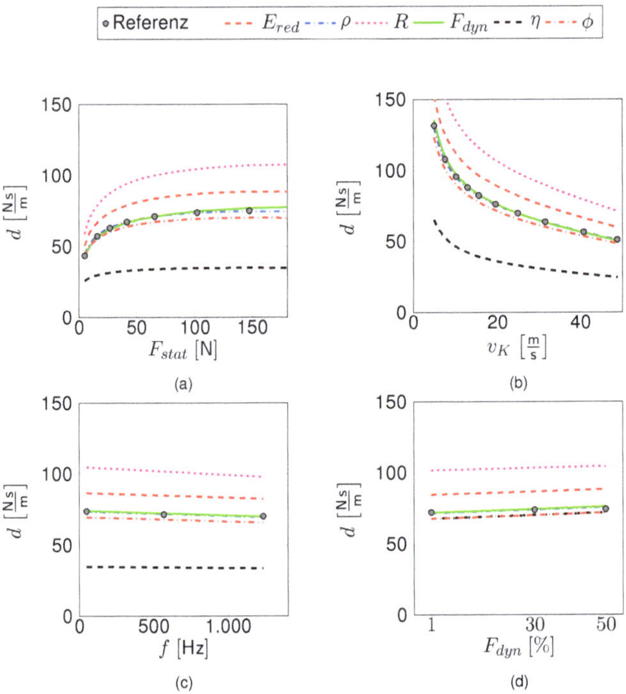

Abbildung 4.11: Berechnungsergebnisse der Regressionsmodelle für die Parameterstudie
Computational results of fitted regression models for the parameter study

4.7 Interpretation und Fazit

Interpretation and conclusion

Die in diesem Kapitel angewandte Berechnungsmethode wurde bereits in zahlreichen Arbeiten anhand der Gegenüberstellung von Tribometerversuchen und theoretischen Ergebnissen hinsichtlich der Ergebnisse der Schmierfilmdicke bestätigt. Ein Abgleich mit Ergebnissen aus der Literatur erfolgte bereits am Anfang des Kapitels. Eine Validierung der Dämpfungsberechnung ist bisher und weiterhin nicht zielführend, da keine Möglichkeit besteht, die Dämpfung in einem Einzelkontaktversuch, ohne große Störeinflüsse, isoliert zu messen. Der Grund hierfür ist die bisher ungelöste Aufgabe der Ermittlung der Starrkörperbewegung des Wälzkörpers, welche zur Ermittlung der experimentellen Hysteresekurve benötigt wird. Daher muss die Modellüberprüfung anhand der Modellierung im Gesamtlager bzw. dem gesamten zu berechnenden System stattfinden. Die Gültigkeit des Dämpfungsmodells wird daher anhand der Gesamtergebnisgüte in der Systemsimulation in Kapitel 5, unter Berücksichtigung verschiedener Parametereinflüsse bewertet. Eine qualitative Bewertung der Ergebnisse und Einflussanalyse für verschiedene Parameter ist mit den dargelegten Ergebnissen möglich. Die Berechnungsergebnisse erlauben die Betrachtung des Dämpfungsverhaltens eines Wälzkontakts in Abhängigkeit verschiedener Einflussparameter. Von besonderer Bedeutung für den Einzelkontakt sind, den Ergebnissen zufolge, betriebsseitig die statische Vorlast sowie die Kontaktgeschwindigkeit. Lagerseitig sind dies der Wälzkörperradius, der reduzierte E-Modul sowie die Schmierstoffviskosität. Weiterhin ist festzustellen, dass sich das Druckprofil des Kontakts selbst bei relativ geringen Lasten bereits stark dem Druckprofil nach Hertz annähert. Hinsichtlich der Berechnung der Spannungen im Kontakt ist damit der Berechnung eines EHD Kontakts wenig Mehrwert beizumessen. Da es sich speziell im Fall von Spindellagern immer um vorgespannte Lager handelt, ist der Einsatz der EHD-Berechnung für eine konventionelle Lagerauslegung auf dem Gebiet der Hauptspindellagerung kein Zugewinn. Dies liegt darin begründet, dass sich die im Wälzkontakt auftretenden Lasten sowie die Lagersteifigkeiten auch mithilfe des Hertz'schen Ansatzes sehr gut abbilden lassen. Für die Berechnung eines theoretischen Dämpfungsmodells ist sie hingegen die einzige wirtschaftlich und technisch sinnvolle Möglichkeit, da die EHD-Berechnung die Möglichkeit bietet, den Schmierfilm bei moderatem Rechenaufwand zu berücksichtigen. Es hat sich zusätzlich gezeigt, dass die Gitterfeinheit für die Berechnung der minimalen Schmierfilmdicke einen großen Einfluss hat, für die Berechnung der Dämpfung und Steifigkeit hingegen nicht. Dies ist vor allem darauf zurückzuführen, dass die minimale Schmierfilmdicke im Bereich der Druckspitze am Kontaktausgang entscheidend ist und diese nur durch ein sehr feines Netz bestimmt werden kann. Für die Wirkung der Dämpfung hingegen ist dieser Peak weniger von Belang, sondern vielmehr der Bereich des Kontakteinlaufs, wie auch in der Literatur bereits mehrfach bestätigt wurde. Demnach ist für die Bestimmung der Dämpfung auch ein weniger feines Netz, hier 80 x 80 Knoten, ausreichend, was insbesondere für die Anwendung in der Praxis aufgrund der verringerten notwendigen Rechenleistung eine wichtige Erkenntnis darstellt.

Die Berechnungsergebnisse erscheinen sowohl für die Kontaktsteifigkeit als auch für die Kontaktdämpfung sinnvoll und decken sich mit Erkenntnissen aus der Literatur zu großen Teilen. Die gute Übereinstimmung der EHD-Kontaktsteifigkeit mit der Hertz'schen Kontaktsteifigkeit zeigt, dass grundsätzlich auch der Einsatz eines EHD-Steifigkeitsmodells denkbar ist, dieser jedoch vor dem Hintergrund der Effizienz und der bereits erfolgten Etablierung der konventionellen Methoden im Bereich der Lagerberechnungssoftware wenig Mehrwert bringt. Hingegen ist der Einsatz des, aus den Berechnungen abgeleiteten, Dämpfungsmodells innerhalb eines Prognosemodells für ein Gesamtsystem sinnvoll, da hierdurch eine Möglichkeit geschaffen wird, die Wälzlagerdämpfung vorab, ohne Experimente und einen iterativen Abgleich, zu bestimmen. Die durchgeführten Rechnungen zeigen die notwendige Vorgehensweise hierfür auf. Dabei ist festzustellen, dass sich der qualitative Verlauf der Dämpfungswerte in Abhängigkeit der Betriebsparameter F_{stat} und v_K bei anderen Lagern kaum ändert, die quantitative Ausprägung hingegen schon. Vor diese diesem Hintergrund sind die Ergebnisse dieses Kapitels besonders als Orientierungshilfe hervorzuheben.

Auf Basis der in diesem Kapitel dargestellten Ergebnisse lässt sich Forschungsfrage I positiv beantworten. Die Berechnungen zeigen deutlich die verschiedenen Einflussparameter auf das Dämpfungsverhalten eines einzelnen Wälzkontakts und lassen sich durch verhältnismäßig einfache Formelbeziehungen beschreiben.

5 Experimentelle Untersuchungen der Lagerdämpfung am Prüfstand

Experimental investigations of bearing damping on the test rig

Das nachfolgende Kapitel bildet den experimentellen Kern dieser Arbeit. Es werden Untersuchungen an Hochgenauigkeitswälzlagern unter realistischen Bedingungen vorgenommen, die dazu dienen, das Dämpfungsverhalten verschiedener Lagertypen sowohl qualitativ als auch quantitativ besser zu verstehen und Zusammenhänge mit Betriebsgrößen festzustellen. Zunächst werden dafür zu Beginn des Kapitels die Voraussetzungen dargelegt, die notwendig sind, um entsprechende Untersuchungen durchführen zu können. Dazu zählt in erster Linie die Beschreibung der Voraussetzungen des für die Untersuchungen dieser Arbeit genutzten Lagerprüfstands. Die Komponenten des Lagerprüfstands werden daraufhin hinsichtlich ihrer dynamischen Eigenschaften im Einzelnen und im Zusammenbau untersucht und mit einem FE-Simulationsmodell verglichen, das später für den Abgleich mit experimentellen Ergebnissen verwendet werden soll. Der sequenzielle und sorgfältige Aufbau dieses Modells ist essenziell für die zu gewinnenden Erkenntnisse, da die Prognosegüte des Dämpfungsmodells maßgeblich von den Einflüssen sonstiger zu beobachtender Effekte im Prüfstand abhängt. Je größer die Übereinstimmung des Prüfstandsmodells mit den Experimenten ist, desto größer ist auch die spätere Aussagekraft des Modells. Daher ist es wichtig, durch eine abgeglichene Modellierung der einzelnen Prüfstandskomponenten, Dämpfungseffekte, die nicht aus dem Einfluss der Lager herrühren, korrekt abzubilden und damit für die Spindellager auszuschließen. Weiterhin wird in einem Unterkapitel der Einfluss der Fugendämpfung zwischen Lageraußenring und Gehäuse adressiert und quantifiziert. Aufbauend darauf werden Untersuchungen an realen Spindellagern im Stillstand und im Betrieb durchgeführt, wodurch sich Aussagen über das betriebsabhängige Dämpfungsverhalten treffen lassen. Abschließend erfolgt ein Vergleich der Experimente mit den im vorigen Kapitel erlangten Erkenntnissen auf Basis einer FE-Prognosesimulation des eingesetzten Prüfstands.

5.1 Aufbau des Lagerprüfstands

Bearing test rig assembly

Zur experimentellen Untersuchung der Lagerdämpfung ist der Einsatz eines speziell für diesen Zweck entworfenen Prüfstands notwendig. An einen solchen Prüfstand sind folgende Anforderungen zu stellen:

- Der Prüfstand muss einen möglichst einfachen Aufbau besitzen, damit ein geringes Maß an Fremddämpfung neben der zu messenden Lagerdämpfung vorliegt. Bei zu hoher Fremddämpfung besteht die Gefahr einer Verfälschung der Messergebnisse und einer Fehlinterpretation der Lagerdämpfung.
- Der Prüfstand muss eine möglichst geringe Anzahl an Passfugen aufweisen, da diese zum einen eine Fremddämpfung in das System einbringen, zum anderen in der simulativen Abbildung und dem späteren Vergleich zwischen Modell und Experiment schwierig zu handhaben sind.
- Der Prüfstand muss eine bestimmte Modularität aufweisen, da verschiedene Lagertypen vermessen werden sollen.
- Die Lageraußenringtemperaturen müssen messbar sein.
- Die Lagerschmierung muss ähnlich wie in konventionellen Spindelsystemen realisiert sein.
- Effekte wie das Ansteigen der Lagersteifigkeit in Abhängigkeit der Betriebsdrehzahl und der damit einhergehende Anstieg der Vorspannung müssen beobachtbar sein.

Die ersten beiden Punkte lassen sich dabei konstruktiv umsetzen. Der Forderung nach Modularität hingegen ist schwieriger zu begegnen, da Modularität meist aufgrund mehrerer notwendiger Schnittstellen mit höherer Komplexität einhergeht, was wiederum die Forderung nach wenigen Fugen negativ beeinflusst. Daher wurde für die Untersuchungen festgelegt, dass nur Lager mit dem Außendurchmesser 110 mm zu untersuchen sind. Die Vielfalt an verschiedenen Typen mit verschiedenen Einflussparametern, wie sie auch in Kapitel 4 untersucht wurden, ist damit weiterhin in ausreichendem Umfang gegeben. Die Messung der Lageraußenringtemperaturen wird mittels in das Gehäuse eingepressten Kupferbuchsen an den Lagerstellen vorgenommen und die Lagerschmierung erfolgt über Schmierdüsen, die das Schmieröl am entsprechenden Einspritzteilkreisdurchmesser direkt seitlich in die Lager einspritzen. Die Schmierstoffversorgung erfolgt über eine für Werkzeugmaschinenspindeln übliche Zentralschmiereinheit mit festem Schmiertakt. Die Hauptkomponenten des Prüfstands sind in Abbildung 5.1 dargestellt.

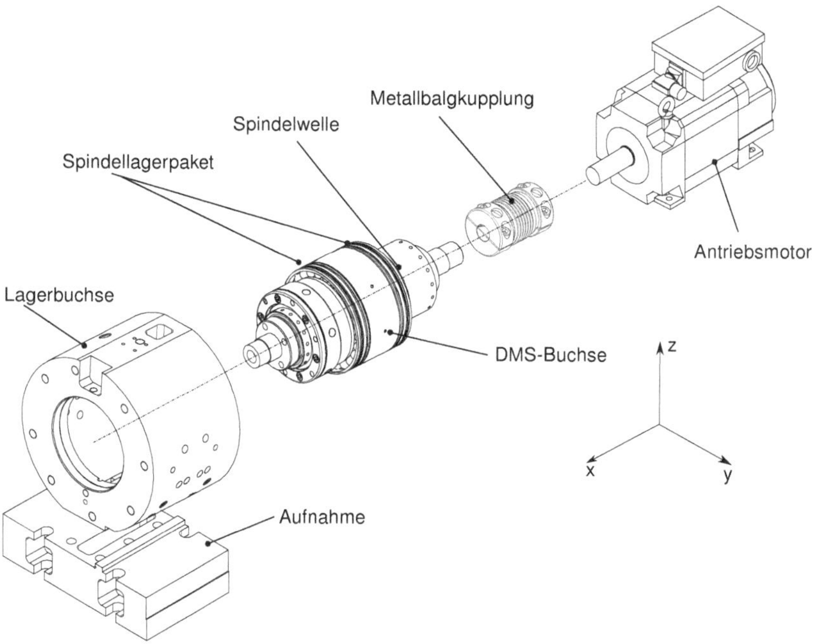

Abbildung 5.1: Hauptkomponenten des Dämpfungsprüfstands
Main components of the damping test rig

Messung der axialen Lagerpaketvorspannung

Zur modellgestützten Berechnung der im Lager vorherrschenden Bedingungen ist es notwendig, die Vorspannkraft der zu untersuchenden Lager im Betrieb zu kennen. Zur Ermittlung der im Lager wirkenden axialen Vorspannkraft wurde eine Messeinrichtung entwickelt, die einen relativen Vergleich des Anstiegs der Vorspannkraft im Betrieb erlaubt. Die Messung der axialen Lagervorspannkraft F_v erfolgt mittels Dehnungsmessstreifen (DMS), die auf der Distanzhülse zwischen den beiden Prüflagern appliziert werden. Da die Hülse zur Aufrechterhaltung der Vorspannkraft eine gewisse Steifigkeit benötigt, gleichzeitig zur Messung der Vorspannkraft mittels DMS aber auch eine gewisse Verformung zulassen muss, wurde die Auslegung der Distanzhülse mithilfe von FEM-Rechnungen vorgenommen. Die DMS-Messstelle wurde zur Temperaturkompensation in Form von zwei um 90° zueinander versetzten Halbbrücken ausgeführt. Die Eigenschaften der eingesetzten DMS sind in Tabelle 5.1 aufgeführt.

Tabelle 5.1: Eigenschaften der Dehnungsmessstreifen zur Messung der axialen Lagervorspannung

Characteristics of the strain gauges for measuring the axial bearing preload

Typ	Nennwiderstand [Ω]	Brückenspeisespannung [V]
1-XY71–6/120	120	11

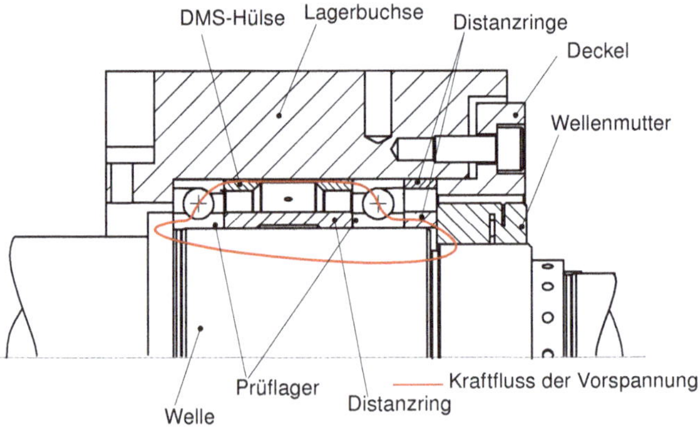

Abbildung 5.2: Schnittdarstellung des Lagerbereichs im Prüfstand

Sectional view of the bearing area of the test rig

Als Voraussetzung für die DMS-Hülse wurde festgelegt, dass eine möglichst hohe Sensitivität erreicht werden soll, damit auch Vorspannungsänderungen im niedrigeren Kraftbereich, wie sie bei leicht vorspannten Lagerpaketen bei niedrigen Drehzahlen vorkommen, gemessen werden können. Des Weiteren soll im Bereich bis 3 kN eine möglichst hohe Linearität des Ausgangssignals erreicht werden. Dies wird durch geringe Verformungen sowie eine homogene Spannungsverteilung im Applikationsbereich der DMS erreicht. Abbildung 5.2 zeigt den inneren Aufbau des Lagerprüfstands inklusive des Kraftflusses der Lagervorspannung der sich durch die O-Anordnung der Lager in der DMS-Hülse schließt. Hierdurch ist eine Messung der Lagervorspannung bzw. der zum Einbauzustand relativen Änderung der Lagervorspannung infolge thermischer Dehnungen und auftretender Fliehkräfte möglich.

In Abbildung 5.3 sind die Auslegungsergebnisse der FEM Rechnung (a) und die gemessene Kalibrierkurve (b) dargestellt. Insgesamt stellt sich im betrachteten Kraftbereich das gewünschte Verhalten ein. Kalibriert wurde mithilfe einer Kraftmessplattform vom Typ Kistler 9527A. Ein sich einstellendes schwaches Hystereseverhalten beziehungsweise leichte Abweichungen von

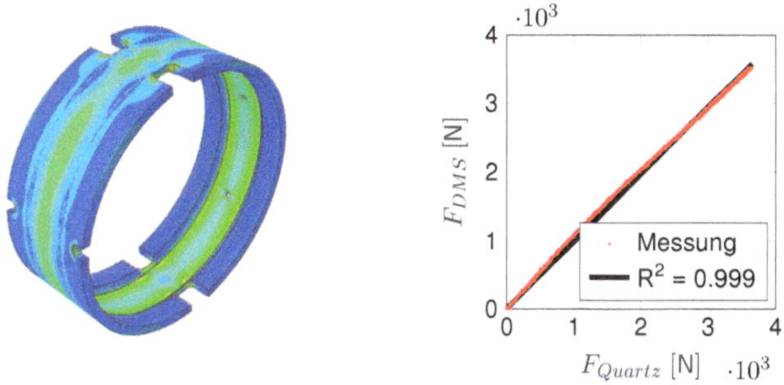

(a) (b)

Abbildung 5.3: Darstellung der berechneten Spannungsverteilung in der DMS-Hülse (a) und Übereinstimmung des Kraftsignals bei der Kalibierung (b)

Representation of the calculated stress distribution in the strain gauge sleeve (a) and correspondence of the force signal during calibration (b).

einer idealen Kennlinie sind hauptsächlich durch Reibung im Aufbau des für die Kalibrierung genutzten Messaufbaus zu erklären, welche nicht gänzlich vermieden werden kann. Weiterhin sind auch die Messwerte der Kraftmessplattform mit Unsicherheiten behaftet, sodass die Ergebnisse der Kalibrierung insgesamt als sehr gut zu bewerten sind.

5.2 Strukturdynamik des Lagerprüfstands

Structural dynamics of the bearing test rig

Bevor der Einfluss der Spindellager untersucht werden kann, muss eine möglichst exakte Abbildung des dynamischen Verhaltens des gesamten Systems in Form eines Rechenmodells erfolgen. Dies ist notwendig, da nur so die wirkenden Fremdeinflüsse von denen der Spindellager unterschieden werden können. Die Modellierung des Prüfstands erfolgt dabei mittels der FEM. Die im System enthaltenen Bauteile bzw. Baugruppen aus Abbildung 5.1 werden einzeln unter Frei-Frei-Bedingungen untersucht und mit den Simulationsmodellen abgeglichen. Als Kriterium für die Übereinstimmung zwischen Simulationsmodell und Experiment werden die Eigenfrequenzen miteinander verglichen. Messungen unter Frei-Frei-Bedingungen zeigen erfahrungsgemäß auch ohne Optimierung eine gute Übereinstimmung mit Simulationsmodellen, da Störeinflüsse durch eine geeignete Aufhängung der Bauteile weitestgehend ausgeschlossen werden können und die Komponenten somit in den Zustand des freien Ausschwingens gebracht werden können. Zunächst werden die Komponenten Lagerbuchse und Aufnahme einzeln vermessen. Die korrespondierenden Frequenzgänge sind in Abbildung 5.4 bzw. Abbildung 5.5 zu sehen.

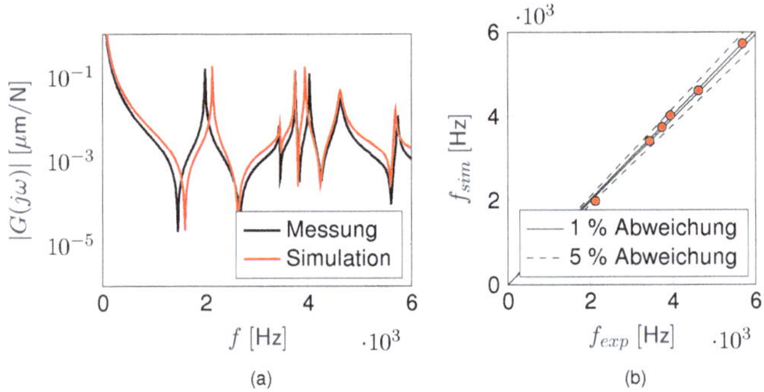

Abbildung 5.4: Vergleich des simulierten Nachgiebigkeitsrequenzgangs des Bauteils Aufnahme in Anregungsrichtung (a) und Vergleich experimentell und numerisch ermittelter Eigenfrequenzen (b)

Comparison of the simulated amplitude frequency response of the component Mounting in the excitation direction (a) and comparison of experimental and simulated natural frequencies (b)

Wie zu erwarten, zeigen die Messungen bereits ohne Optimierung eine sehr gute Übereinstimmung mit den Simulationsmodellen. Als Dämpfung wurde lediglich eine strukturelle Dämpfung von 0,0003 verwendet, die in der Literatur, z. B. [DRES12, S.55] als Richtwert angegeben wird. Die darauf aufbauende Ausbaustufe der Untersuchung ist eine Frei-Frei-Messung der mit der Aufspannung verschraubten Lagerbuchse. Durch diese Kombination lässt sich der Einfluss der Koppelstellen, hier der Verschraubung, genauer untersuchen. Da in diesem Zustand die einzelnen Bauteile bereits vermessen und abgeglichen sind, sind die einzigen Unsicherheiten des Modells, die der Füge- und Koppelstelle. Bestehen Unterschiede in Messung und Experiment im montierten Zustand, so sind diese auf fehlerhaften Annahmen bei der Füge- und Koppelstellenmodellierung zurückzuführen.

Bei der strukturdynamischen Untersuchung von mechanischen Systemen kommt der Modellierung von Schraubverbindungen eine besondere Rolle zu. Da es sich um Koppelsteifigkeiten handelt, bestimmen Sie maßgeblich die Ergebnisse einer Strukturdynamiksimulation. Die Modellierung einer Schraubverbindung muss zusätzlich zur Modellierung der Schraubensteifigkeit immer auch die Kontaktsteifigkeit infolge der sich berührenden Flächen berücksichtigen. Wäh-

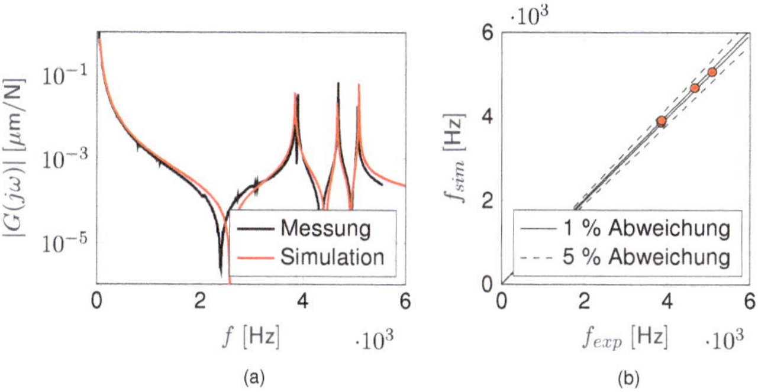

Abbildung 5.5: Vergleich des simulierten Nachgiebigkeitsrequenzgangs des Bauteils Lagerbuchse in Anregungsrichtung (a) und Vergleich experimentell und numerisch ermittelter Eigenfrequenzen (b)

Comparison of the simulated amplitude frequency response of the component Housing in the excitation direction (a) and comparison of experimental and simulated natural frequencies (b)

rend sich die Gegebenheiten bei statischer Last gut abbilden lassen, besteht bei einer dynamischen Berechnung das Problem, dass verschiedene Eigenmoden eine unterschiedlich starke Beteiligung der Schraubverbindung bzw. der Kontaktfläche aufweisen. Hinzu kommt bei großflächigen Verbindungen eine sich nicht konstant über der Kontaktfläche ausbildende Druckverteilung, die jedoch in den meisten Fällen vernachlässigt wird. Auch die Oberflächenbeschaffenheit der sich berührenden Kontaktflächen kann hierbei Auswirkungen auf die Kontaktsteifigkeit haben [PETU83]. Vereinfacht hat sich jedoch das Verfahren etabliert, Schraubverbindungen sowie die zugehörigen Flächen im Simulationsmodell ideal als einen Körper miteinander zu verbinden. Als Faustformel gilt dabei die Einflussfläche der Verschraubung mit dem dreifachen Nenndurchmesser der Schraube anzunehmen [NEHE12, S.75]. Für Prognosemodelle führt diese Annahme meist zu guten Ergebnissen und ist, neben dem Vorteil der einfachen Modellierung, hinreichend genau. Die Ergebnisse für die untersuchte Kombination aus Lagerbuchse und Aufspannung ist in Abbildung 5.6 zu sehen. Trotz der Koppelstelle, die grundsätzlich auch nichtlineare Effekte mit sich bringen kann, stimmen Simulation und Messung gut überein. Eine lineare Modellierung ist somit in diesem Fall zulässig.

Als letzte Ausbaustufe der Untersuchung erfolgt die Vermessung und Berechnung des gesamten Prüfstands aufgespannt auf dem Prüfstandsbett in dem Zustand, in dem er sich auch nachfolgend für alle Lageruntersuchungen befindet. Dieser Zustand stellt eine besondere Heraus-

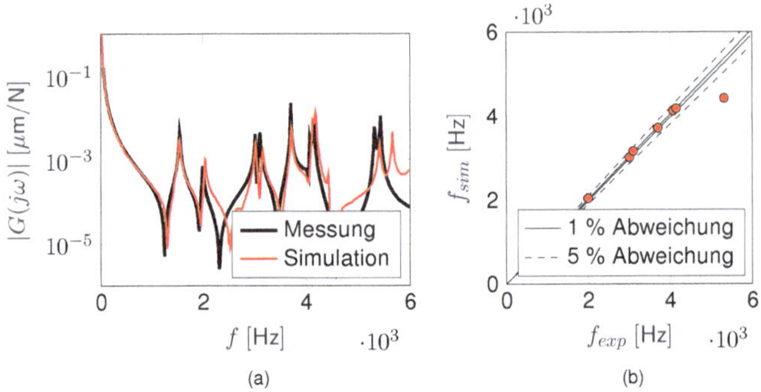

Abbildung 5.6: Vergleich des simulierten Nachgiebigkeitsrequenzgangs der verschraubten Bauteile Aufnahme und Lagerbuchse in Anregungsrichtung (a) und Vergleich experimentell und numerisch ermittelter Eigenfrequenzen (b)

Comparison of the simulated compliance frequency response of the component Mounting *and* Housing *in the excitation direction (a) and comparison of experimental and simulated natural frequencies (b)*

forderung dar, da die Untersuchung nicht mehr unter Frei-Frei-Bedingungen stattfinden kann. Unterschiede zwischen Messung und Simulation resultieren hauptsächlich aus der gewählten Systemgrenze, hier der Verschraubung mit dem Bett. Da bei der Messung das gesamte dynamische System, inklusive Prüfstandsbett und umgebende Strukturen gemessen wird, sind in der Messung Einflüsse vorhanden, die durch das FE-Modell nicht abgebildet werden. Insofern ist in dieser Untersuchungsstufe die Übereinstimmung zwischen Messung und Experiment am geringsten, die Eigenfrequenzen werden aber dennoch gut getroffen, vgl. Abbildung 5.7. Der Zustand mit eingebauter Welle wird weiter unten gesondert untersucht, da hierbei der Einfluss der Passungsfugen eine gesonderte Betrachtung erfordert.

5.3 Untersuchungen zum Passungseinfluss

Investigations of the bearing interface

Die im Kraftfluss befindlichen Passungsfugen zwischen Welle und Lagerinnenring bzw. Lageraußenring und Gehäuse bestimmen die Eigenschaften der Lagerstelle mit oder beeinflussen diese zumindest in Abhängigkeit der gewählten Toleranzen. In Berechnungsmodellen wird ihr Einfluss meist aufgrund fehlender Modelle vernachlässigt und die Fugenstelle wird als feste

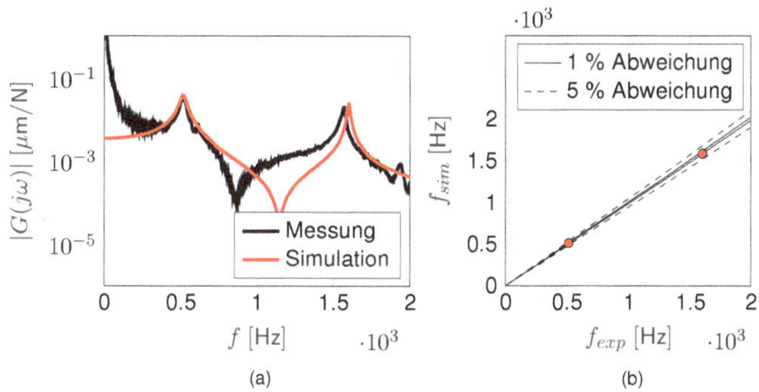

Abbildung 5.7: Vergleich des simulierten Nachgiebigkeitsrequenzgangs des auf dem Prüfstandsbett verschraubten Prüfstandsgehäuses (a) und Vergleich experimentell und numerisch ermittelter Eigenfrequenzen (b)

Comparison of the simulated compliance frequency response of the test rig housing bolted to the test rig bed (a) and comparison of experimentally and numerically determined natural frequencies (b).

Verbindung modelliert. Da aber sowohl die Steifigkeit als auch die Dämpfung von ihr beeinflusst werden können, soll dieser Einfluss im nachfolgenden Kapitel untersucht werden.

Im Spindelbau ist es üblich, die Passung zwischen Welle und Lagerinnenring, in Abhängigkeit der geplanten Einsatzdrehzahlen der Spindel, als Übermaßpassung auszuführen. Dies bedingt hohe Fugenpressungen, die wiederum zu sehr hohen Fugensteifigkeiten führen und demnach auch zu sehr geringen Relativbewegungen der Passungspartner, die unter wechselnden Lasten wenig Dämpfungspotential bieten. Eine Modellierung der Passung als feste Verbindung ist hier sicherlich zulässig. Anders verhält sich dies bei der Passung zwischen Lageraußenring und Gehäuse. Diese ist in der Regel als enge Spiel- oder Übergangspassung ausgeführt und bietet dementsprechend mehr Dämpfungspotenzial aufgrund höherer Relativbewegungen zwischen den Passungspartnern. Zur Untersuchung des Einflusses der Passung zwischen Lageraußenring und Gehäuse wird eine Methode, wie sie in ähnlicher Art und Weise bereits in [ZEIL95] und [JACO14] beschrieben ist, angewandt. Weiterhin hat sich diese Methode bereits in [FEY15] im Einsatz zur Identifikation von Dämpfungsparametern für Linearachskomponenten bewährt. Genutzt werden sogenannte Lagerersatzkörper, die in ihrer geometrischen Beschaffenheit und Steifigkeit realen Lagern ähneln, jedoch aus einem Körper bestehen und somit keinen Einfluss des Wälzkontakts in das System einbringen. Durch dieses Vorgehen ist eine isolierte Betrachtung des Passungseinflusses möglich.

Wie oben bereits beschrieben, handelt es sich bei den Lagerersatzkörpern um dem eigentlichen Untersuchungsobjekt Spindellager in geometrischen Abmessungen und Steifigkeit ähnliche Körper. Insbesondere die Ähnlichkeit der Steifigkeitseigenschaften erfordert bei der Auslegung besondere Aufmerksamkeit. Spindellager erhalten, wie in Kapitel 2 beschrieben, ihre Steifigkeit durch die Eigenschaften des Hertz'schen Kontakts, die sich in Abhängigkeit der Last progressiv nichtlinear verhält. Die Steifigkeit der Lagerersatzkörper hingegen wird durch seine geometrische Form sowie das verwendete Material bestimmt. Unter den zu erwartenden Lasten während der Versuche ist die Steifigkeit der Lagereratzkörper als konstant anzunehmen, da weder große Verformungen auftreten, noch nichtlineare Wälzkontakte vorliegen. Daraus folgt zum einen, dass die Lagerersatzkörper zum Abgleich für einen Arbeitspunkt der realen Lager ausgelegt werden müssen. Zum anderen, dass die einzige Quelle auftretender Nichtlinearitäten oder Dämpfungseinflüsse aus der Passungsfuge stammen müssen. Bei Kenntnis der Lagerersatzkörpersteifigkeit ist dadurch eine Identifikation der Passungseinflüsse theoretisch möglich. Abbildung 5.8 zeigt die den Untersuchungen zugrundeliegende Modellvorstellung. Durch den Einsatz der Lagerersatzkörper werden die Hertz'schen Kontaktsteifigkeiten sowie die infolge der Kontakte auftretenden Dämpfungen eliminiert. Als Resultat vereinfacht sich das mechanischen Ersatzschaltbild für Spindellager in Abbildung 5.8a zum in Abbildung 5.8b dargestellten Ersatzschaltbild mit Lagerersatzkörper.

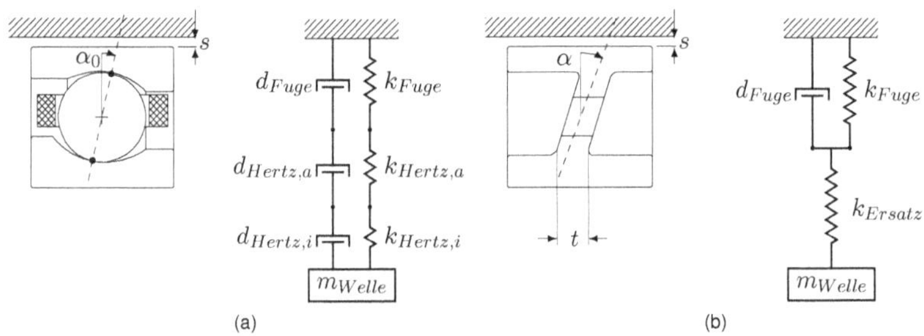

Abbildung 5.8: Mechanische Ersatzschaltbilder eines Spindellagers (a) und eines Lagerersatzkörpers (b)

Mechanical equivalent circuit diagrams of a spindle bearing (a) and a bearing substitute (b)

Die Modellierung und Parametrierung der Lagerersatzkörper wurde mithilfe der Methode der Finiten Elemente durchgeführt. Tabelle 5.2 listet einen für die Auslegung als Anhaltspunkt verwendeten Parametersatz eines realen Spindellagers auf.

Tabelle 5.2: Nominelle Werte des Referenzlagers für die Auslegung der Lagerersatzkörper
Nominal values of the reference bearing for the design of the bearing substitutes

Bezeichnung	Steifigkeit [N/μmm]	Vorspannung [N]	Druckwinkel [°]
B71916-C	69,4	174	15

Zur Anpassung der Lagerersatzkörpersteifigkeiten stehen die Designvariablen Stegbreite b, Stegdicke t sowie Stegwinkel α zur Verfügung. Dabei entspricht b der Breite des Abstands, der zwischen zwei Aussparungen im Steg des Ersatzkörpers eingebracht ist, um die Steifigkeit an die eines realen Lagers anzupassen. Dieses Längenmaß ist in Abbildung 5.8 orthogonal zur Bildebene zu finden und daher nicht explizit dargestellt. Durch eine geeignete Anpassung der Designvariablen soll erreicht werden, dass die Lagerersatzkörpersteifigkeiten den Werten des realen Lagers ähnlich sind. Zur Auslegung der Lagerersatzkörper wurde eine Parameterstudie mit den obengenannten Designvariablen durchgeführt. Wie bei realen Spindellagern wurden als Bewertungskriterium die vorliegenden axialen und radialen Steifigkeiten der einzelnen Parametervariationen genutzt. Der Stegwinkel wurde dabei in Anlehnung an den Druckwinkel im realen Spindellager zwischen 15° und 25° gewählt. In Abbildung 5.9 sind die aus FE-Simulationen generierten Kraft-Verlagerungskennlinien der drei Typen von Lagerersatzkörpern zu sehen, auf deren Basis die translatorischen und rotatorischen Steifigkeiten der Bauteile berechnet werden konnten und die in Tabelle 5.3 zusammengefasst sind. Durch die Nutzung mehrerer Stützstellen konnte die geometrische Linearität der Bauteile in Abhängigkeit der Verlagerung nachgewiesen werden, sodass bei geringeren dynamischen Anregungskräften in jedem Fall ein lineares, mechanisches Verhalten der Bauteile gewährleistet ist.

Tabelle 5.3: Steifigkeiten der für die Fugenuntersuchungen eingesetzten Lagerersatzkörper
Stiffnesses of the bearing substitutes used for the joint tests

Typ	k_{xx} [N/μm]	k_{yy} [N/μm]	k_{zz} [N/μm]	$k_{\alpha\alpha}$ [N m mrad^{-1}]	$k_{\beta\beta}$ [N m mrad^{-1}]	$k_{\gamma\gamma}$ [N m mrad^{-1}]
A	52,36	93,46	91,91	161,29	35,58	37,17
B	32,46	144,93	141,84	170,44	26,35	27,00
C	46,64	162,64	162,93	297,75	37,52	37,58

5.3.1 Identifikation des Fugeneinflusses

Identification of interface influences

Die Identifikation der Fugendämpfungsparameter erfolgt modellgestützt auf Basis der am Lagerprüfstand gemessenen Nachgiebigkeitsfrequenzgänge. Der hierzu verwendete Messaufbau

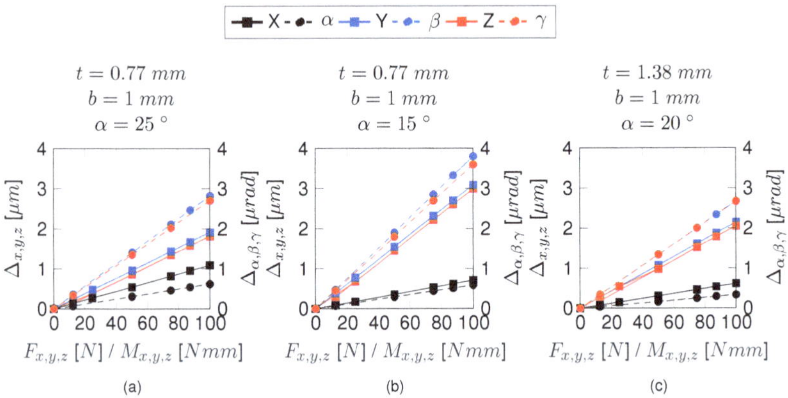

Abbildung 5.9: Ergebnisse der FEM-Berechnung für die Kraft-Verlagerungs-Charakteristiken der Lagerersatzkörper bei verschiedenen geometrischen Parametern

Results of the FEM calculation for the force-displacement-characteristics of the bearing substitutes at different geometrical parameters.

ist in Abbildung 5.10 dargestellt. Die Anregung des Systems erfolgt mithilfe eines elektrodynamischen Erregers des Typs LDS V406 mit 200 N erreichbarer Kraftamplitude bei reiner Sinusanregung und einem Durchschnittswert von 89 N bei statistisch verteilter Anregung. Als Erregersignal hat sich ein Weißes Rauschen bewährt, da die Erregung mittels Gleitsinus hohe Inertialkräfte an der Krafteinleitungsstelle bewirkt, welche die Messung negativ beeinflussen. Dabei ist Weißes Rauschen per Definition ein Signal, das über einen bestimmten Frequenzbereich eine konstante Leistungsdichte aufweist.

Um die verschiedenen, zu untersuchenden Spindellagertypen durch die Lagerersatzkörper in den Versuchen abbilden zu können, wurden insgesamt drei Gruppen, unterteilt in A, B und C, gefertigt. In jede Gruppe fallen sieben Probenkörper, die durch Fertigungsabweichungen unterschiedliche Außenringabmaße haben. Dadurch findet der statistische Einfluss der fertigungsbedingten Maßabweichungen ebenfalls Eingang in die Untersuchungen. In jeder Gruppe werden drei Kombinationen von zwei Lageresatzkörpern für die Messung des Fugeneinflusses ausgewählt. Die Kombination erfolgt unter der Voraussetzung, dass die Abweichungen der Außendurchmesser der zwei Bauteile voneinander möglichst gering sind. Die Messungen zu den Gruppierungen sind in Abbildung 5.11 dargestellt. Zu sehen ist die Mittelung aller der Gruppierung zugehörigen Frequenzgänge. Auffällig ist, dass die 2. Eigenfrequenz in den Messungen trotz nominell gleicher Geometrie schwankt. Diese Abweichungen lassen sich durch den

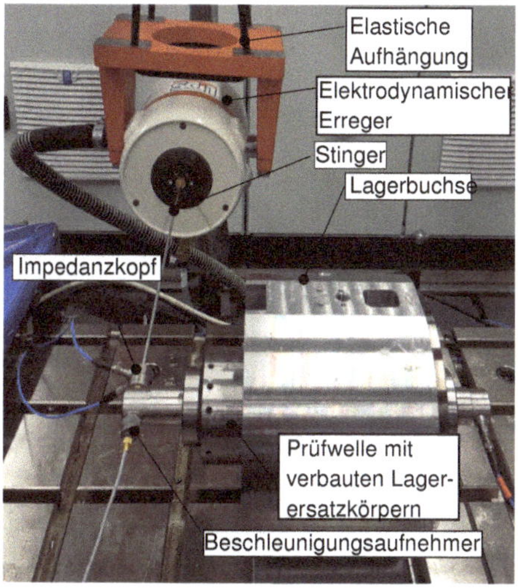

Abbildung 5.10: Messaufbau zur Bestimmung der Nachgiebigkeitsfrequenzgänge zur Untersuchung des Fugeneinflusses

Measurement setup for the determination of compliance frequency responses for the investigation of joint influence

Einfluss der Fugensteifigkeit erklären. Die gewählte Darstellung zeigt die aus 100 Messungen gemittelten Frequenzgänge. Weiterhin ist in Abbildung 5.12 die frequenzbezogene berechnete Standardabweichung in Form der flächig dargestellten beidseitigen Standardabweichung für die Resonanzstellen mit der höchsten Nachgiebigkeit vergrößert dargestellt. Die geringe Ausprägung der Flächen im Bereich der Resonanzfrequenzen weist auf eine sehr geringe Abweichung der Messungen untereinander hin. Außerhalb der Resonanzstellen ist nahezu keine Abweichung vorhanden. Damit ist nachgewiesen, dass trotz spielbehafteter Passungen ein reproduzierbares Messergebnis zu erhalten ist.

Da die Versuche aufgrund des gewählten Messaufbaus ohne statische Vorspannung der Lagerersatzkörper durchgeführt wurden, ist die Fugensteifigkeit stark abhängig von der Passung selbst. In [PETU83] wurde dieser Effekt als Steifigkeit beweglicher Fügestellen beschrieben und gezeigt, dass die Fugensteifigkeit einerseits abhängig von den sich einstellenden Flächenpressungen ist. Andererseits kommt im vorliegenden Fall einer zylindrischen Passung die mit steigender Last zunehmende Passungsfläche als Einflussgröße hinzu. Für die vorliegende Prüfstandssituation wurde die Abhängigkeit mittels FEM-Simulation berechnet und in

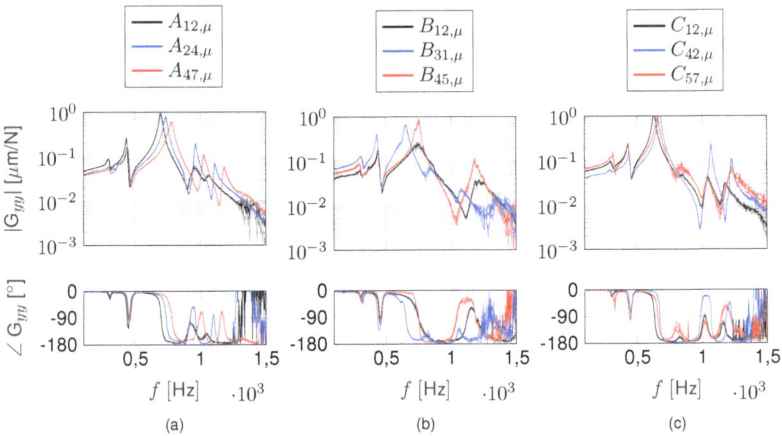

Abbildung 5.11: Ergebnisse der Frequenzgangmessungen mit Lagerersatzkörpern mit verschiedenen geometrischen Parametern: (a) Typ A, (b), Typ B, (c) Typ C

Results of frequency response measurements with bearing substitutes at different geoemtrical parameters: (a) Type A, (b), Type B, (c) Type C

Abbildung 5.13 dargestellt. In Abbildung 5.13a ist das Kraft-Verlagerungs-Diagramm für die Fälle 3 μm radiales Spiel und 6 μm radiales Spiel dargestellt. Aus Konvergenzgründen liegt im Berechnungsmodell der Lageraußenring schon in der Passung an, was dazu führt, dass die Verlagerung, die zur Überbrückung des Spiels in der Passungsfuge ohne das Aufwenden einer Kraft durchlaufen werden muss, nicht im Diagramm dargestellt ist. Zu erkennen ist eine deutliche Abhängigkeit der Steifigkeit von der Höhe der Fugenkraft. Ergänzend sind in Abbildung 5.13b die Fugensteifigkeiten dargestellt, die mithilfe des Differenzenquotientens aus den Kraft-Verlagerungs-Diagrammen gewonnen wurden. Wie zu erwarten, ist eine deutliche Nichtlinearität erkennbar. Durch den zunächst sehr steilen Verlauf der Steifigkeit wird klar, weshalb bei niedrigen statischen Vorlasten eine Schwankung der statischen Fugensteifigkeit und damit auch der beobachteten Resonanzstellen zu beobachten ist. Im Vergleich mit den in Tabelle 5.2 angegebenen Steifigkeitswerten wird ersichtlich, dass der Einfluss der statischen Vorlast von entscheidender Bedeutung ist. Dies lässt sich durch Betrachtung der Reihenschaltung zweier Steifigkeiten, hier zum Beispiel k_F und k_L, zeigen. Um als Gesamtsteifigkeit 90 % der Steifigkeit k_L zu erhalten, muss die zweite Steifigkeit k_F mindestens der Bedingung $k_F \geq 10k_L$ genügen. Dies ist bei geringen statischen Vorlasten in der Fuge nicht gegeben. Die Abweichungen der Messungen in Abbildung 5.11 lassen sich durch diesen Effekt erklären. Die praktische Rele-

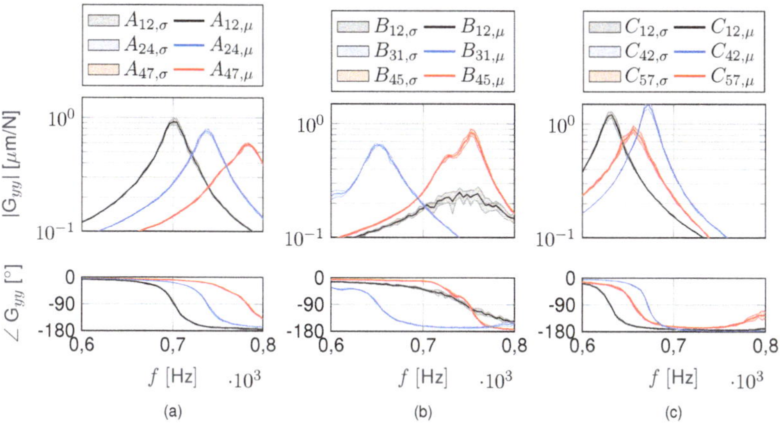

Abbildung 5.12: Vergrößerte Darstellung des Bereichs 600 Hz bis 800 Hz: (a) Typ A, (b), Typ B, (c) Typ C

Enlarged image of the area 600 Hz *bis* 800 Hz*: (a) Type A, (b), Type B, (c) Type C*

vanz des Effekts auf ein reales Spindelsystem ist jedoch als gering zu bewerten. Da allein durch thermische Effekte und infolge der spanenden Bearbeitung auftretende statische Vorlasten eine signifikante statische Last in die Fuge eingebracht wird, steigt die Fugensteifigkeit derart steil an, dass ihr Einfluss auf die Gesamtsteifigkeit gering ist.

5.3.2 Bestimmung physikalischer Dämpfungsparameter

Determination of phyiscal damping parameters

Da zur Abschätzung der Fugendämpfung kein Modell wie das der Wälzkontaktdämpfung aus Kapitel 4 zur Verfügung steht, muss deren Einfluss anderweitig bestimmt werden. Zur quantitativen Untersuchung und des Vergleichs der Messungen untereinander werden die anhand der Messungen synthetisierten Frequenzgänge betrachtet. Diese werden mithilfe des einfachen Modells eines Zweimassenschwingers in einen physikalischen Kontext gebracht. Wie in Abbildung 5.11 bereits zu erkennen war, lässt sich das dynamische Verhalten des Prüfstands, mit eingebauten Lagerersatzkörpern, im Frequenzbereich 0 Hz bis 800 Hz sehr gut durch ein Zweimassenschwinger-Modell abbilden. Dessen Einsatz ist hier gerechtfertigt, da im genannten Frequenzbereich nur zwei Resonanzstellen auftreten. Die Abbildung weiterer Resonanzfre-

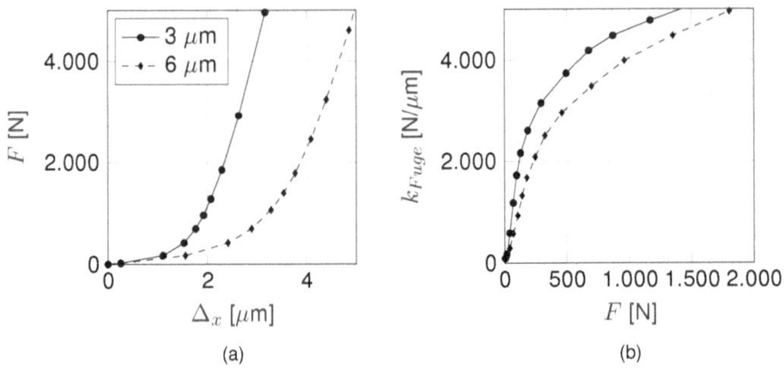

Abbildung 5.13: Ergebnisse der FEM-Simulation zum Fugeneinfluss: (a) Kraft-Verlagerungs-Diagramm, (b) Fugensteifigkeit

Results of the FEM simulation on the joint influence: (a) Force-Displacement-Diagram, (b) Interface stiffness

quenzen ist hier nicht zielführend, da die interessierenden Eigenmoden in radialer Richtung im benannten Frequenzbereich liegen. Formell mathematisch ausgedrückt folgt daraus das analytische Modell

$$\begin{bmatrix} m_1 & 0 \\ 0 & m_2 \end{bmatrix} \ddot{\underline{x}} + \begin{bmatrix} d_L & -d_L \\ -d_L & d_L \end{bmatrix} \dot{\underline{x}} + \begin{bmatrix} k_A + k_L & -k_L \\ -k_L & k_L \end{bmatrix} \underline{x} = \begin{bmatrix} 0 \\ F(t) \end{bmatrix}, \tag{5.1}$$

wobei k_L und d_L der Steifigkeits- bzw. Dämpfungskonstante der Fuge und des Lagerersatzkörpers entsprechen und k_A der Steifigkeit des Auflagers, welche vorab durch eine FE-Rechnung bestimmt wurde. Durch Einsatz eines Optimierungsalgorithmus kann die fehlende Fugensteifigkeit identifiziert werden, was Aufschluss darüber gibt, wie stark die nominelle Steifigkeit der Lagerersatzkörper durch die Passfuge beeinflusst wird. Die identifizierte Dämpfung ist vollständig der Fugendämpfung zuzuordnen, da der Lagerersatzkörper selbst über kein bzw. im relativen Vergleich über ein vernachlässigbares Dämpfungsvermögen verfügt. In Gleichung 5.1 ist besonders die zweite Zeile der Matrizengleichung von Relevanz, da sie das Verhalten des zweiten Freiheitsgrads, also der Welle, wiedergibt. Da die Schwingungsantwort in den Experimenten an der Welle gemessen wurde, ist diese Gleichung auch für die Identifikation ausschlaggebend. Durch die Transformation in den Frequenzbereich ergibt sich der Ausdruck

$$\underline{H}(i\omega) = \frac{1}{\det(\underline{K}_{dyn})}\left[-\omega^2\underline{M} + i\omega\underline{D} + \underline{K}\right] \tag{5.2}$$

für die Matrix der Nachgiebigkeitsfrequenzgänge. Betrachtungen zum axialen Fugeneinfluss entfallen, da die Lagerersatzkörper in axialer Richtung durch einen Deckel vorgespannt sind und kein Spiel auftritt. Zur Lösung des Optimierungsproblem wird der Ansatz zur Minimierung des kleinsten Fehlerquadrats genutzt. Das zu optimierende Funktional wurde zur Berücksichtigung sowohl der statischen und dynamischen Nachgiebigkeit, als auch der Abweichung der experimentell bestimmten Eigenfrequenzen des Ersatzsystems zu

$$\begin{aligned}\min J = & \frac{\|H_{exp}(\omega=1) - H_{sim}(\omega=1)\|^2}{H_{sim}(\omega=1)^2} + \\ & \sum_i \frac{\|H_{exp}(\omega_{exp,i}) - H_{calc}(\omega_{sim,i})\|^2}{H_{calc}(\omega_{sim,i})^2} + \frac{\|\omega_{exp,i} - \omega_{sim,i}\|^2}{\omega_{sim,i}^2}\end{aligned} \tag{5.3}$$

gesetzt. Die Abbildungen 5.14a bis 5.14c stellen die Frequenzgänge für das physikalische, das modale und das analytische Modell der Messung gegenüber.

Im Frequenzbereich bis 1000 Hz wird eine sehr hohe Übereinstimmung erreicht. Trotz der einfachen Modellierung kann das dynamische Verhalten adäquat wiedergegeben werden. Die auftretenden Abweichungen sind auf die Einfachheit des Modells zurückzuführen, da räumliche Effekte wie z. B. der Einfluss von Kreuzsteifigkeiten oder Kippsteifigkeiten, die sich im Experiment auf die Messung auswirken, durch das Modell nicht abgebildet werden können. Folgerichtig wird die Steifigkeitsreduktion infolge der Fugensteifigkeit aus dem in Abbildung 5.8 dargestellten Modell berechnet. Da das Modell aus einer einfachen Reihenschaltung von Feder-Dämpfer-Elementen besteht, folgt die Berechnungsvorschrift für die Fugensteifigkeit zu

$$k_{Fuge} = \left(\frac{1}{k_L} - \frac{1}{k_{Ersatz}}\right)^{-1}. \tag{5.4}$$

Aus der Parameteridentifkation kann mithilfe des Modells aus Gleichung 5.1 die Gesamtsteifigkeit k_L entnommen werden. Darauf aufbauend kann aus Gleichung 5.4 auf die Fugensteifigkeit k_{Fuge} geschlossen werden. Tabelle 5.4 fasst die Ergebnisse zusammen. Bei Anregung mit einer niedrigen Kraft kann es durch den Passungseinfluss zu einer Steifigkeitsreduktion von bis zu 20% kommen.

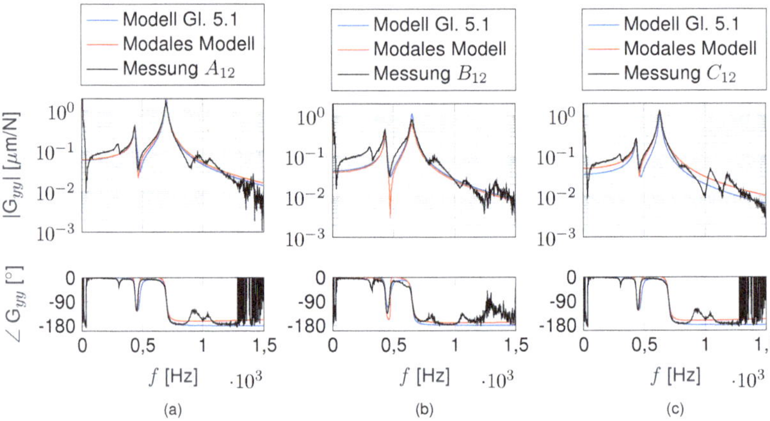

Abbildung 5.14: Gegenüberstellung von Messung und parametriertem Ersatzmodell: (a) Typ A, (b), Typ B, (c) Typ C

Comparison of measurement and parameterized substitute model: (a) Type A, (b), Type B, (c) Type C

Tabelle 5.4: Ergebnisse der Parameteridentifikation und Steifigkeitsreduktion

Results of parameter identification and stiffness reduction

Typ	$k_{yy,nom}$ [N/μm]	$k_{yy,ident}$ [N/μm]	Δ [N/μm]	Δ [%]
A	186,9	147,8	39,1	21,0
B	286,8	242,8	44,0	15,3
C	325,6	280,7	44,9	13,8

Abbildung 5.15 zeigt die identifizierten viskosen Fugendämpfungen über der auf einer Koordinatenmessmaschine bestimmten Abweichung des Außenringdurchmessers vom mittleren Lagerbuchsendurchmesser, hier Spiel genannt. Es zeigt sich, dass die Dämpfung nahezu unabhängig von der Größe des Spiels ist. Da im Rahmen der Untersuchungen nur Lagerersatzkörper mit den gleichen Außenabmaßen verwendet wurden, ist jedoch ein Rückschluss auf den Einfluss bei anderen Baugrößen nicht zulässig. In den nachfolgenden Versuchen werden Lager der gleichen Baugröße verwendet. Daher ist ein Übertrag der Ergebnisse innerhalb der Versuche möglich. Nachfolgend wird die Fugendämpfung in allen weiteren Rechnung mit 1000 N s m^{-1} angenommen.

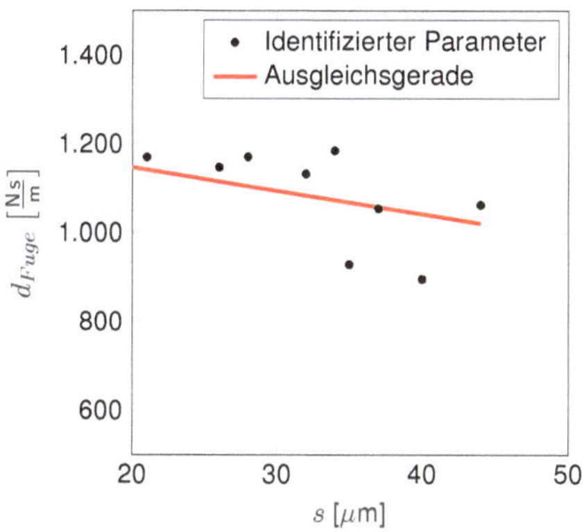

Abbildung 5.15: Ergebnis zum Passungseinfluss für die neun untersuchten Kombinationen von Lagerersatzkörpern

Result on the joint influence for the nine examined combinations of bearing substitutes

5.3.3 Zwischenfazit

Intcrim conclusion

Der zum Zweck der Dämpfungsbestimmung entwickelte Prüfstand zeigt ein gut abbildbares, dynamisches Verhalten und erfüllt damit die Voraussetzung, um in weiteren Versuchen das Dämpfungsverhalten von Wälzlagern zu untersuchen.

Zur gesamtheitlichen Betrachtung der Wälzlagerdämpfung wurde der Einfluss der Passfuge untersucht. Durch den Einsatz von Lagerersatzkörpern konnte im Labor nachgewiesen werden, dass die Passfuge eine nicht zu vernachlässigende Dämpfungswirkung hat. Prinzipbedingt konnte der Einfluss der Passung jedoch nicht unter statischer Vorlast, wie sie im praktischen Einsatz von Hauptspindeln auftritt, untersucht werden. Die Übertragbarkeit der Ergebnisse auf eine Hauptspindel ist damit nur für geringe statische Vorlasten gegeben. Dennoch lässt sich festhalten, dass die Passfugen über ein Dämpfungspotenzial verfügen, dass bei der Modellierung der Lagerstelle Berücksichtigung finden muss. Eine Annahme der Fugendämpfung von $1000\,\mathrm{N\,s\,m^{-1}}$ bis $1200\,\mathrm{N\,s\,m^{-1}}$ führt in den Untersuchungen zu sehr guten Übereinstimmungen zwischen Messung und Modell.

5.4 Untersuchungen an Spindellagerpaketen

Experiments on double bearing assemblies

Nachdem der Einfluss der Passfugen am Prüfstand quantifiziert wurde, soll im folgenden Abschnitt der Einfluss der Spindellager selbst untersucht werden. Die Untersuchung der Spindellager erfolgt in zwei Schritten. Zunächst werden Experimente bei stehender Welle durchgeführt. Dies erlaubt den Vergleich zwischen dem Verhalten der untersuchten Lagerersatzkörper und Spindellagern mit Hertz'schen Kontakten, ohne den Einfluss der Drehbewegung der Welle bzw. den Einfluss des Schmierfilms. Untersucht werden verschiedene Spindellagertypen, da unterschiedliche Bautypen zum Teil erhebliche Einflüsse auf das Betriebsverhalten haben und durch ihre Bauform auch maßgeblich die Wälzlagerkontakte beeinflusst werden. Tabelle 5.5 fasst die zu untersuchenden Wälzlagertypen zusammen und gibt einen Überblick über deren Daten. Durch die getroffene Wahl wird ein Großteil der am Markt verfügbaren Lagertypen abgedeckt, wobei es sich bei allen um Hochgenauigkeitslager handelt, die besonders hohen Qualitätsanforderungen entsprechen und grundsätzlich im vorgespannten Zustand betrieben werden. Durch die Vorspannung befinden sich die Lager in einem definierten Zustand, der eine Berechnung innerer Lagergrößen mit gängigen Berechnungswerkzeugen zulässt. Zur Parametrierung des später für die Dämpfungsidentifikation genutzten Modells müssen die Lagersteifigkeiten sowie deren Änderung im Betrieb berechnet werden können. Hierzu ist die Kenntnis von Vorspannung und Temperatur im Lager notwendig. Beide Größen werden am Prüfstand erfasst.

5.4.1 Ergebnisse der Untersuchungen im Stillstand

Results of Experiments with non-rotating shaft

Um den Einfluss von Betriebsparametern bestimmen zu können, muss zunächst eine Aussage darüber getroffen werden, wie hoch das Dämpfungsniveau im Stillstand ist. Da die Spindellager bereits im Stillstand eine Vorspannung und somit definierte Kontaktbedingungen in den

Tabelle 5.5: Experimentell untersuchte Lagertypen

Bearing types for experimental investigations

Versuch	Bezeichnung	Lager-vorspannung [N]	Grenzdrehzahl $[\text{min}^{-1}]$	Kugelmaterial
A	HCB71916-C	84	26.000	Keramik
B	B71916-C	174	19.000	Stahl
C	B71916-E	237	17.000	Stahl
D	HS71916-E	113	24.000	Keramik
E	B7014-E	395	20.000	Stahl

Hertz'schen Kontakten zwischen den Wälzkörpern und Lagerringen aufweisen, ist davon auszugehen, dass eine reproduzierbare Schwingungsantwort des Systems bestimmbar ist. Zur Ermittlung dieser Schwingungsantwort wird der in Abbildung 5.1 dargestellte Prüfstand impulsförmig angeregt. Die Anregung erfolgt in axialer und radialer Richtung, um sowohl für das axiale als auch das radiale Verhalten Aussagen treffen zu können. Um entsprechende Modelle zum Vergleich zwischen Messung und Berechnung des Gesamtsystems herleiten zu können, werden zunächst Berechnungen zur nominellen Lagersteifigkeit im Stillstand benötigt. Diese werden wieder mit den in Abschnitt 2.2.1 dargelegten Methoden berechnet und sind in Tabelle 5.6 zusammengefasst. Hierbei ist zunächst kein Temperatureinfluss zu erwarten, weshalb die Betrachtung betriebspunktunabhängig stattfinden kann. Die nachfolgenden Ausführungen werden exemplarisch für den Lagertyp HCB71916-C dargelegt. Am Ende des Kapitels erfolgt die Vorstellung der Gesamtergebnisse für alle Lagertypen.

Tabelle 5.6: Theoretisch berechnete Lagersteifigkeiten HCB71916-C

Theoretical calculated bearing stiffness parameters for HCB71916-C

k_{xx} [N/μm]	k_{yy}/k_{zz} [N/μm]	$k_{\alpha\alpha}/k_{\beta\beta}$ [N/mrad]	$k_{x\alpha}/k_{y\beta}$[N/mrad]	$k_{y\alpha}/k_{z\beta}$[N/mrad]
49,7	144,8	56,18	15,7	2839,6

Die Ableitung von Dämpfungsparametern anhand der Gegenüberstellung von Simulations- und Experimentaldaten wird analog zu den in Kapitel 5.3.1 durchgeführten Untersuchungen vorgenommen. Als Simulationsmodell wird das in Kapitel 5.2 verwendete FE-Modell der Prüfstandskomponenten verwendet. Da einzelne Einträge der Lagerdämpfungsmatrix Einfluss auf mehrere Eigenmoden des Systems nehmen können, ist zur Bestimmung der einzelnen Sensitivitäten eine Sensitivitätsanalyse notwendig. Diese gibt Aufschluss über die Haupteinflussparameter der jeweiligen Eigenmode und dadurch auch über die letztliche Zuordnung der identifizierten Lagerparameter. Die zur Modellierung der Lagerdämpfung eingesetzte Dämpfungsmatrix entspricht dabei der Form

$$D = \begin{bmatrix} d_{xx} & 0 & 0 & 0 & 0 \\ 0 & d_{yy} & 0 & 0 & 0 \\ 0 & 0 & d_{zz} & 0 & 0 \\ 0 & 0 & 0 & d_{\alpha\alpha} & 0 \\ 0 & 0 & 0 & 0 & d_{\beta\beta} \end{bmatrix}. \tag{5.5}$$

Kreuzterme werden bewusst vernachlässigt, da sie unter geringen Lasten nur einen geringen Einfluss haben. Entsprechend wurde die Dämpfungsmatrix auch nur auf der Hauptdiagonalen besetzt. Die Sensitivitätsanalyse wird sowohl für eine Anregung in axialer als auch in radialer Richtung durchgeführt. Die Ergebnisse sind in Abbildung 5.16 dargestellt. Die Sensitivitäten der axialen Dämpfungskonstante d_{xx} auf den simulierten Nachgiebigkeitsfrequenzgang in axialer Richtung zeigt eindeutig die größte Sensitivität auf die 1. Eigenfrequenz, vgl. Abbildung 5.16a. Demnach ist diese Eigenfrequenz für eine Identifikation aus der Messung am besten geeignet. In radialer Richtung sind die Verhältnisse ungleich komplexer. Abbildung 5.16b verdeutlicht diesen Umstand. Die Sensitivität der Amplituden auf eine Änderung der Dämpfungskonstante d_{yy} in radialer Richtung ist sowohl für die 6. als auch die 8. Eigenfrequenz erhöht. Dieser Zusammenhang muss bei der Parameteridentifikation insofern berücksichtigt werden, als beide zugehörigen Eigenformen eventuell unterschiedlich stark beeinflusst werden. Aus den Graphen ist weiterhin ersichtlich, dass weitere Resonanzfrequenzen existieren. Diese werden jedoch durch die Dämpfungskonstanten d_{xx} bzw. d_{yy} nicht beeinflusst. Ihre Sensitivität ist daher sehr gering und sie können somit für eine Identifikation nicht genutzt werden.

Durch die Kenntnis der dominanten Einflüsse auf den Frequenzgang kann ein Abgleich zwischen Simulationsmodell und Messung durchgeführt werden. Das Ergebnis des Abgleichs ist in Abbildung 5.17 dargestellt. Für die ersten beiden Eigenfrequenzen in axialer Richtung wird eine sehr gute Übereinstimmung mit der Messung erreicht. Die dritte axiale Eigenfrequenz wird nur unzureichend abgebildet. Dies ist durch den angewandten Messaufbau zu erklären. Das Simulationsmodell zeigt nur die reine Bewegung in axialer Richtung, während der Sensor im Experiment eine Überlagerung von Kippmode und axialer Mode bei der entsprechenden Frequenz registriert. Demnach fällt die Resonanzamplitude in der Simulation geringer aus. Auch wenn die Bewegung bei unterschiedlichen Frequenzen stattfindet, zeigt sich im Simulationsmodell, dass keine reine Kipp- oder Axialbewegung stattfindet, sondern diese vielmehr einander

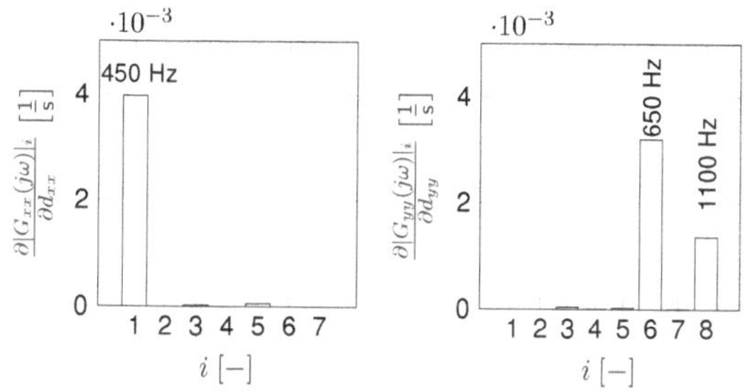

(a) Axiale Richtung

(b) Radiale Richtung

Abbildung 5.16: Sensitivitäten der axialen (a) und radialen (b) Dämpfungskonstanten auf die Amplituden aller relevanten Eigenfrequenzen

Sensitivities of the axial (a) and radial (b)damping constants to the amplitudes of all relevant natural frequencies

überlagert sind. Da diese Eigenfrequenz für die Bewertung der Dämpfung nur eine untergeordnete Rolle spielt, ist dieser Umstand nicht problematisch. In radialer Richtung zeigt sich ebenfalls eine sehr gute Übereinstimmung zwischen Simulations- und Messergebnissen. Die beiden Eigenfrequenzen mit der höchsten Sensitivität auf die radiale Dämpfungskonstante werden durch das Simulationsmodell gut abgebildet. Im Stillstand lassen sich damit die axialen und radialen Dämpfungskontsanten mit $d_{xx} = 730$ N s m^{-1} und $d_{yy,zz} = 1050$ N s m^{-1} angeben.

5.4.2 Ergebnisse der Untersuchungen mit rotierender Welle

Results of experiments with rotating shaft

Aufbauend auf den Erkenntnissen aus Kapitel 5.4.1 werden Messungen im rotierenden Zustand der Welle durchgeführt. Dabei ist anzumerken, dass bereits durch [OPHE86] festgestellt wurde, dass die Mechanismen, die im Stillstand und unter Drehzahl zu Dämpfungseffekten führen, gänzlich unterschiedlich sind. Da der Zustand der Rotation der eigentlichen Funktion des Wälzlagers entspricht, liegt auf diesem auch der Fokus bei der Bestimmung der Dämpfungen.

Im Rahmen dieser Arbeit wurde eine Methodik erarbeitet, die eine Untersuchung der Spindellager unter Rotation bis zu hohen Drehzahlen erlaubt. Grundlage für die Auswertung sind dabei die sich durch die Betriebsdrehzahl einstellende Veränderung der Frequenzgänge im relativen Vergleich zur Ausprägung im Stillstand. Etwaige Änderungen sind dabei auf die sich

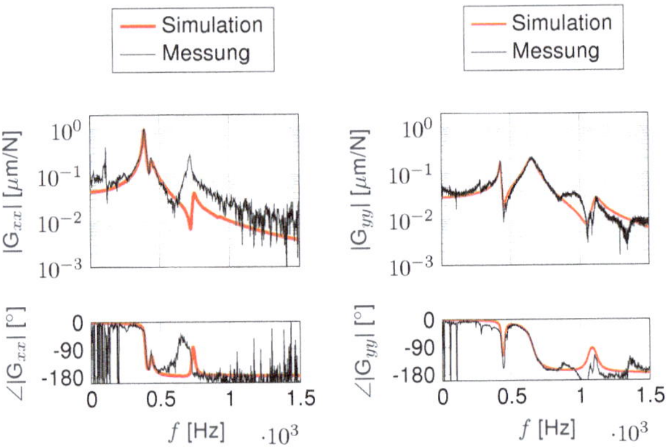

(a) Axiale Richtung (b) Radiale Richtung

Abbildung 5.17: Vergleich zwischen Simulation und Messung im Stillstand in axialer (a) und radialer (b) Richtung

Comparison of simulation and measurement results during standstill in axial (a) and radial (b) direction

ändernden Lagerparameter zurückzuführen. Dabei sind sowohl Änderungen im Wälzkontakt als auch kinematische Änderungen innerhalb des Gesamtlagerung zu berücksichtigen. Zur Berechnung der Frequenzgänge aus den Messdaten müssen diese aufbereitet werden. Plan- und Radialschlag der Welle müssen aus den Messungen entfernt werden, damit diese nicht als Peaks im Frequenzgang auftreten. Der entstehende periodische Fehler wird korrigiert, indem der Rundheitsfehler drehwinkelsynchron ohne Belastung der Welle aufgenommen und anschließend das drehwinkelbezogene Differenzsignal gebildet wird. Die gesamte Methodik ist im Detail in [DIET97] nachzuvollziehen. Die hier verwendete, verbesserte Form der Methode ist in [BREC17] zu finden.

Die Anregung erfolgt dabei wie im Stillstand mit einem Impulshammer. Die Messgröße ist auch hier wieder die radiale bzw. axiale Verlagerung der Prüfstandswelle infolge der Impulsanregung. Abbildung 5.18 zeigt das Anregungs- und Antwortsignal beispielhaft für eine Messung unter Drehzahl. Durch den Einsatz eines automatischen Impulshammers ist eine zeitlich gleichförmige Anregung möglich. Obgleich die Anregungskraft im Bereich zwischen 1000 N und 1500 N schwankt, ist eine deutlich besser reproduzierbare Anregung als bei einer Handmessung erreichbar, vgl. Abbildung 5.18a. Dies ist vor allem vor dem Hintergrund eines progressiven nichtlinearen Steifigkeitsverlaufs von vorgespannten Wälzlagern als großer Vorteil zu betrachten. Die

Schwankung unter Drehzahl ist nicht gänzlich zu vermeiden, da der Rundlauffehler der Welle zusätzlich zu einer Impulsschwankung führt. Abbildung 5.18b zeigt für die Schwingungsantwort ebenfalls einen sehr gleichförmigen Verlauf. Dies wird maßgeblich durch die in Abschnitt 5.4 beschriebene Korrektur ermöglicht. Die gezeigte Verlagerung ist somit auf die Impulsanregung durch den Impulshammer und ein geringes Maß an Unwuchterregung zurückzuführen. Die Schwingungsantwort für eine einzelne Anregung ist in Abbildung 5.18b oben rechts im Detail dargestellt. Es lässt sich ein klassischer, gedämpfter Ausschwingvorgang beobachten, der zur Schwingungsanalyse weiterverarbeitet werden kann. Insgesamt werden für jede Drehzahlstufe 100 Versuche durchgeführt. Durch relativ hohe Störanteile im Signal und ein geringes Signal-Rausch-Verhältnis aufgrund der sehr geringen Verlagerungen ist diese hohe Anzahl an Versuchen notwendig, um durch eine arithmetische Mittelung Messergebnisse besserer Qualität zu erreichen.

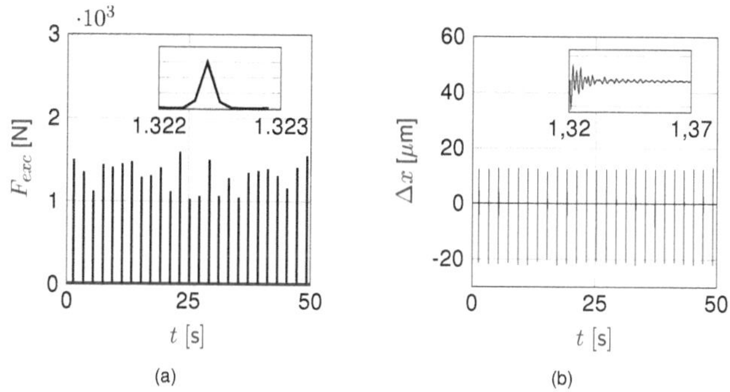

Abbildung 5.18: Beispielhafte Anregung (a) der rotierenden Welle mit dem automatischen Impulshammer und daraus folgende Verlagerung am Messpunkt (b)

Exemplary excitation (a) of the rotating shaft with the automatic impulse hammer and resulting displacement at the measuring point (b)

Die Messungen an der rotierenden Welle werden für alle in Tabelle 5.5 aufgeführten Lagertypen durchgeführt, wobei die Ergebnisse aus Gründen der Übersichtlichkeit exemplarisch nur anhand von Lagertyp HCB71916-C dargestellt werden. Abbildung 5.19 zeigt die Ergebnisse dieses Lagertyps für verschiedene Drehzahlstufen und zunächst die Schwingungsantwort in axialer Richtung. Das in Abbildung 5.17a dargestellte Verhalten für den Stillstand bildet sich auch in den Messungen unter Drehzahl ab. Nichtsdestotrotz ist im Drehzahlbereich von 1000 min^{-1} bis 15 000 min^{-1} eine Veränderung der Resonanzpeaks zu erkennen. Die Verschiebung der Peaks entlang der Frequenzachse ist sowohl Dämpfungs- als auch Steifigkeitsänderungen zuzuschreiben, dennoch ist der Einfluss der Steifigkeit hier dominant. Auch die Änderung der

Amplitude lässt sich diesen Einflüssen zuschreiben, jedoch ist die Dominanz der Einflüsse hier umgekehrt. Das heißt die Ausprägung der Amplitude entlang der Ordinate ist in erster Linie von der Höhe der Dämpfung abhängig.

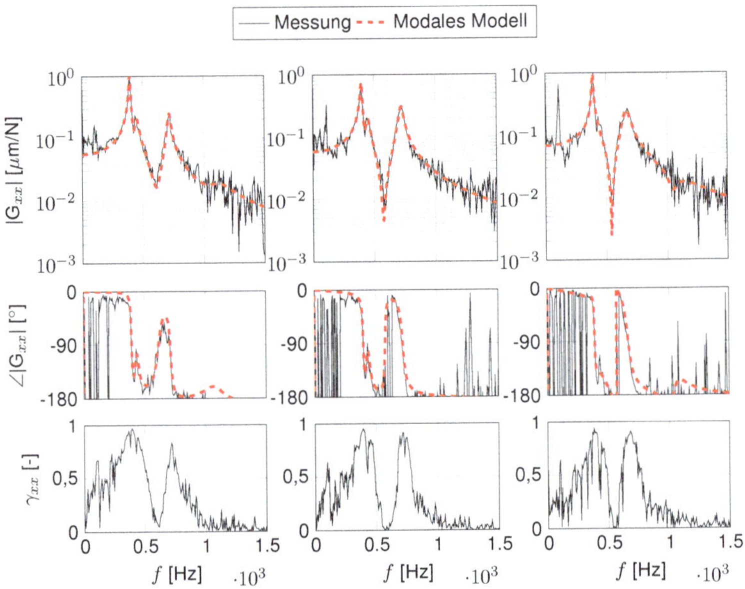

(a) 1000 min^{-1} (b) 8000 min^{-1} (c) 15 000 min^{-1}

Abbildung 5.19: Ergebnisse der Frequenzgangmessungen unter Drehzahl und Anregung in axialer Richtung für $n = 1000\,\text{min}^{-1}$ (a), $n = 8000\,\text{min}^{-1}$ (b), $n = 15\,000\,\text{min}^{-1}$ (c)

Results of frequency response measurements with rotating shaft and excitation in axial direction for $n = 1000\,\text{min}^{-1}$ *(a),* $n = 8000\,\text{min}^{-1}$ *(b),* $n = 15\,000\,\text{min}^{-1}$ *(c)*

Ein ähnliches Verhalten lässt sich für die Ergebnisse der radialen Richtung feststellen. Auch hier ist das Verhalten im Stillstand wiederzuerkennen, vgl. Abbildung 5.20. Auffällig ist, dass die Kohärenz über dem gesamten Frequenzbereich deutlich höher ist, als bei axialer Messung. Dies wird auf die gegenüber der radialen Messung geringere, zur Anregung nutzbare Kraftamplitude zurückgeführt, da diese die axiale Lagervorspannung nicht überschreiten darf. Durch die geringere anregende Kraft fällt auch die Schwingungsantwort geringer aus, was dazu führt, dass das Signal-Rausch-Verhältnis während der axialen Anregung geringer ist als bei der radialen Anregung. Insgesamt liegen die gemessenen Nachgiebigkeiten in einem für Spindellager üblichen Bereich. Auffällig ist, dass die Verschiebung der Resonanzfrequenzen durch den Betriebseinfluss nicht einheitlich erfolgt. Während die Drehzahländerung von 1000 min^{-1} auf 10 000 min^{-1} eine Verringerung Resonanzfrequenz und somit auch der Lagersteifigkeit hervorruft, erhöht sich die Resonanzfrequenz durch einen erneuten Anstieg auf 15 000 min^{-1} wieder und die Lagerung wird steifer. Dieses Verhalten ist nur durch kinematische und thermische Einflüsse zu erklären. Es ist für die Bestimmung der Dämpfungsgrade jedoch irrelevant, da es keine Möglichkeit gibt, diese Effekte im modalen Modell abzubilden. Die genannten Effekte sind zwar implizit über die Wahl des entsprechenden Betriebspunktes im Modell enthalten, können aber nicht gesondert betrachtet werden. Die Bestimmung von deren Einfluss ist damit nicht ohne Weiteres möglich.

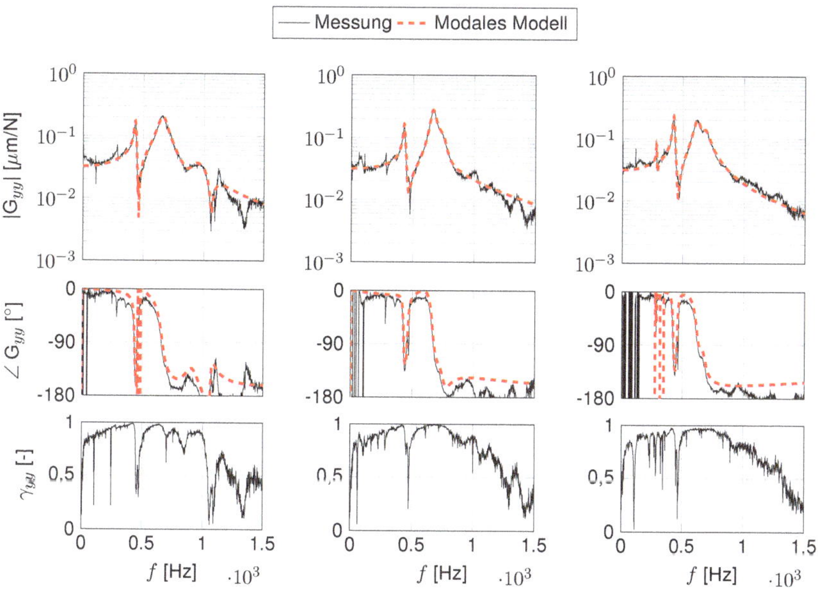

(a) 1000 min^{-1} (b) 8000 min^{-1} (c) 15 000 min^{-1}

Abbildung 5.20: Ergebnisse für $n = 1000\,\text{min}^{-1}$ (a), $n = 8000\,\text{min}^{-1}$ (b), $n = 15\,000\,\text{min}^{-1}$ (c)

Results for $n = 1000\,\text{min}^{-1}$ *(a),* $n = 8000\,\text{min}^{-1}$ *(b),* $n = 15\,000\,\text{min}^{-1}$ *(c)*

Um eine qualitative Einschätzung der Dämpfung in Abhängigkeit des Betriebsverhaltens vornehmen zu können, werden die modalen Dämpfungsgrade der entscheidenden Eigenfrequenzen betrachtet. Abbildung 5.21 zeigt zu diesem Zweck die Ergebnisse für den Lagertyp A in axialer und radialer Richtung zusammen mit den berechneten Standardabweichungen bei einem 95%-igen Konfidenzintervall unter Annahme einer Normalverteilung. Es zeigt sich, dass der Dämpfungsgrad, ähnlich der Berechnungsergebnisse für den Einzelkontakt aus Kapitel 4, im Bereich niedriger Drehzahlen am höchsten ist und mit steigender Drehzahl abnimmt. Dieses Verhalten lässt sich sowohl für die Eigenmoden in axialer als auch in radialer Richtung beobachten. Zusätzlich wird in Abbildung 5.21b die zweite radiale Eigenmode dargestellt, die dieses Verhalten ebenfalls, jedoch deutlich dominanter aufweist. Der Unterschied ist auf die Lastsituation im Lager bei der jeweiligen Eigenmode zurückzuführen, die zu unterschiedlichen Belastungen und demnach auch Dämpfungen in den Wälzkontakten führt.

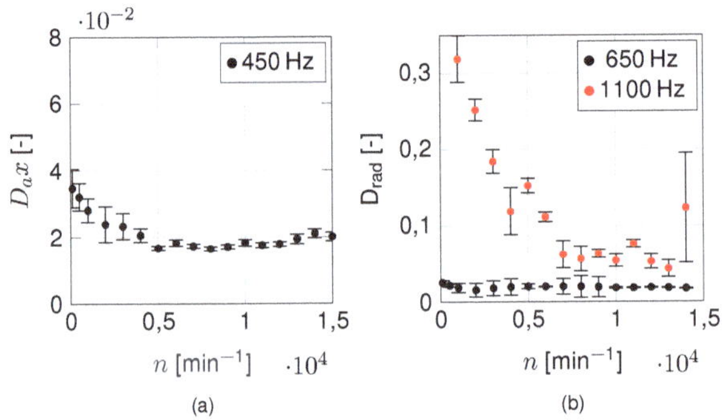

Abbildung 5.21: Ergebnisse der modalen Dämpfungsidentifikation für den Lagertyp A: (a) axial und (b) radial

Results of the modal damping identification for bearing type A: (a) axial and (b) radial

Die Gesamtübersicht der Ergebnisse für die modalen Dämpfungen der relevanten Resonanzfrequenzen für alle untersuchten Lagertypen ist in Abbildung 5.22 dargestellt. Beiden Richtungen ist für alle Lagertypen gemein, dass sie bei geringer Drehzahl ein relativ hohes Dämpfungsniveau aufweisen, dass zunächst mit steigender Drehzahl abfällt. Dieser Effekt wird auf die Schmierkonditionen im Wälzkontakt zurückgeführt. Da sich in diesem niedrigen Drehzahlbereich noch kein definierter Schmierfilm ausgebildet hat, ist die Energiedissipation im Kontakt im Vergleich zu einem ausgebildeten Schmierfilm möglicherweise aufgrund instationärer Reibbedingungen besonders hoch. Hinzu kommt, dass die untersuchten Lager zur Erreichung höherer Drehzahlen nur unter leichter Vorspannung betrieben wurden und damit bei niedrigen Drehzahlen die Gefahr des vollständigen Vorspannungsverlustes besteht. Die theoretischen Untersuchungen in Kapitel 4 bestätigen dieses Verhalten insofern, als dass für besonders niedrige Geschwindigkeiten bzw. Stillstand keine stabile Lösung der Reynoldsgleichung möglich ist. Da der Verlauf eine Ähnlichkeit mit der in Abbildung 2.7 dargestellten Stribeck-Kurve aufweist, liegt die Vermutung nahe, dass die erhöhte Dämpfung mit den im niederen Drehzahlbereich vorherrschenden Reibbedingungen in Kontakt steht. Auch der im höheren Drehzahlbereich teilweise wieder ansteigende Verlauf der Dämpfung zeigt Parallelen zum Verlauf der Stribeckkurve. Hierbei handelt es sich jedoch um eine Hypothese, die an dieser Stelle nicht durch weitere Erkenntnisse untermauert werden kann. Da der betroffene niedrige Drehzahlbereich für die Anwendung in Spindeln jedoch ohnehin nicht von praktischer Relevanz ist, ist eine geringe Aussagekraft dieser Messungen nicht weiter von Belang. Mit weiter ansteigender Drehzahl ist zu erkennen, dass die Dämpfung in axialer Richtung wieder leicht ansteigt, während sie in radialer Richtung auf einem Niveau verharrt. Die quadratischen Regressionsfunktionen verdeutlichen diesen Umstand. Unter Berücksichtigung der in Kapitel 4 gewonnen Erkenntnisse lassen sich Experiment und Simulation in Einklang bringen. Sowohl der anfängliche Abfall, als auch die Stagnation bei höheren Drehzahlen lassen sich simulativ und experimentell beobachten. Dennoch ist der Vergleich nicht widerspruchsfrei. Lagertyp C weist in axialer Richtung einen abweichenden Verlauf auf. Dieses Verhalten ist experimentell reproduzierbar, lässt sich aber in der Kontaktsimulation unter Einsatz der im Lager wirkenden Lasten nicht abbilden, weshalb davon ausgegangen werden muss, dass die zugrundeliegenden Effekte durch das Modell nicht abgebildet werden.

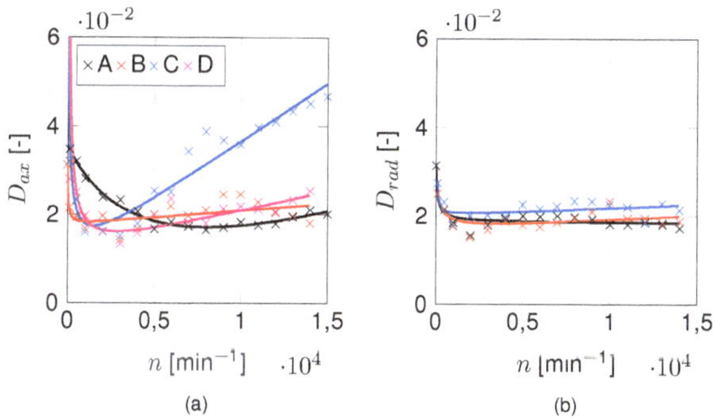

Abbildung 5.22: Übersicht der bestimmten Dämpfungsgrade für die (a) axiale (450 Hz) und (b) radiale (650 Hz) Richtung

Overview of determined damping ratios for (a) axial (420 Hz) and (b) radial (640 Hz) direction

5.4.3 Modellierung der gesamten Lagerstelle als Feder-Dämpfer-Modell

Modeling of bearings as linear spring-damper-models

Die Modellierung von Lagerstellen mittels linearer Feder-Dämpfer-Elemente entspricht weitestgehend dem Stand der Technik und wurde in Kapitel 2 erläutert. Der Vorteil einer Modellierung mit einfachen linearen Feder-Dämpfer-Elementen liegt gegenüber anderen Methoden im deutlich verringerten Rechenaufwand und einer einfachen Implementierung vor allem hinsichtlich Berechnungen im Frequenzbereich. Demgegenüber steht, dass durch diese Art der Modellierung keine Abhängigkeit der Lasten berücksichtigt werden kann. Dies trifft zum einen auf die Lastabhängigkeit der Steifigkeiten des Hertz'schen Kontakts zu, zum anderen aber auch auf die Ausbildung einer Lastzone, die vor allem bei höheren Lasten zu Unterschieden in den Ergebnissen führen kann. Aufgrund ihrer Einfachheit und der einfachen Implementierung wird sie jedoch in dieser Arbeit für den Ansatz der Dämpfungsmodellierung verwendet. Grundsätzlich entspricht diese Form der Modellierung damit einer Art gemittelter Dämpfung. Auf den Einzelkontakt bezogen berechnet sich diese zunächst aus der Reihenschaltung zwischen Innenring- und Außenringkontakt mittels

$$d_{ehd} = \left(\frac{1}{d_{ehd,innen}} + \frac{1}{d_{ehd,aussen}} \right)^{-1} . \tag{5.6}$$

Mithilfe der globalen Lagerdämpfungsmatrix aus [DIET97] können die gemittelten Lagermatrizen mittels

$$D = \sum_i d_{ehd,i} \begin{bmatrix} \cos\alpha_i \cos\varphi_i & \sin\alpha_i & -r\sin\alpha_i\cos\varphi_i \end{bmatrix} \begin{bmatrix} \cos\alpha_i \cos\varphi_i \\ \sin\alpha_i \\ -r\sin\alpha_i\cos\varphi_i \end{bmatrix} \tag{5.7}$$

in eine globale Lagerdämpfung überführt werden. Anhand von Gleichung (5.7) lässt sich jedoch auch nochmals direkt der Nachteil einer solchen Modellierung darstellen. Obwohl die viskose Dämpfung für alle Kontakte einzeln und lastabhängig betrachtet werden kann, wird diese schlussendlich als eine gemittelte, konstante Dämpfung verwendet.

5.5 Abgleich mit EHD-Berechnungen und FE-Prüfstandsmodell

Comparison to EHL-calculations and finite elements test bench model

Auf Basis der in Kapitel 4 dargestellten Berechnungen für die im Prüfstand verbauten Spindellager des Typs B71916-E werden die Dämpfungswerte aus dem in Kapitel 4 hergeleiteten Modell betriebspunktabhängig berechnet, siehe Abbildung 5.23.

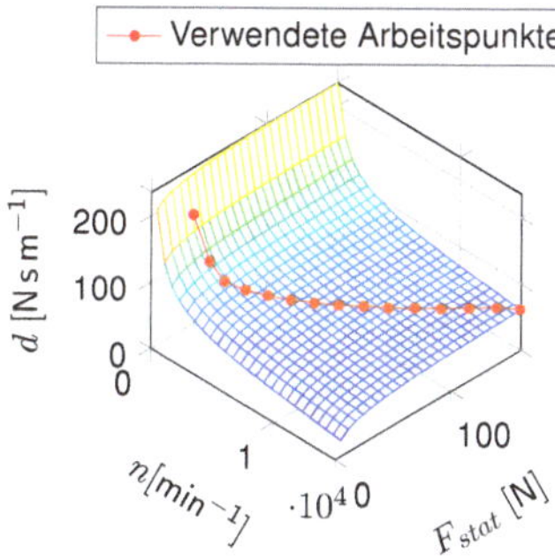

Abbildung 5.23: Darstellung des eingesetzten Dämpfungskennfelds für die Prognoserechnung
Representation of the damping map used for the estimation of the dynamic behavior

Unter Zuhilfenahme des Modellansatzes in Gleichung 5.7 wird die Dämpfungsmatrix der Lager berechnet und im FE-Modell des Prüfstands implementiert. Die Ergebnisse des Vergleichs für den Amplitudengang an der Anregungs- bzw. Messstelle der drehenden Welle sind in Abbildung 5.24 und 5.25 dargestellt. Es zeigt sich eine sowohl qualitativ als auch quantitativ gute Nachbildung des realen Verhaltens durch das Simulationsmodell für die meisten Drehzahlen. Unter Berücksichtigung der Tatsache, dass für die durchgeführten Simulationen zunächst kein Temperatureinfluss berücksichtigt wurde, ist die Abbildung des Verhaltens grundsätzlich als sehr gut zu bewerten. Dies ist aber vor allem auch vor dem Hintergrund der geringen Lagerabstände und dadurch bedingte geringe thermische Verspannung der Spindellager zu betrachten. In einem realen Spindelsystem, in dem die Gegebenheiten wesentlich komplexer sind und bei der die in Kapitel 5.1 genannten Voraussetzungen für die Messung der Dämpfung nicht gegeben sind, ist eine verminderte Übereinstimmung zwischen Modell und Simulation zu erwarten. Da es sich weiterhin, im Gegensatz zu den modalen Modellen, nicht um aus Messdaten generierte Modelle, sondern um Prognosemodelle handelt, sind die Abweichungen sowohl im dynamischen als auch im statischen Bereich als akzeptabel zu bewerten.

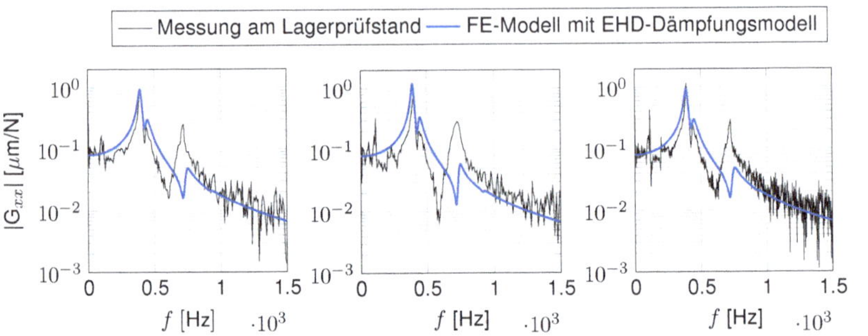

(a) axial - 1000 min^{-1} (b) axial - 8000 min^{-1} (c) axial - 15 000 min^{-1}

Abbildung 5.24: Gegenüberstellung von Experiment und Prognosesimulation der axialen Richtung unter Einsatz des Dämpfungsmodells für $n = 1000\,\text{min}^{-1}$ (a), $n = 8000\,\text{min}^{-1}$ (b), $n = 15\,000\,\text{min}^{-1}$ (c)

Comparison of experiment and estimation simulation in axial direction using the damping model for $n = 1000\,\text{min}^{-1}$ (a), $n = 8000\,\text{min}^{-1}$ (b), $n = 15\,000\,\text{min}^{-1}$ (c)

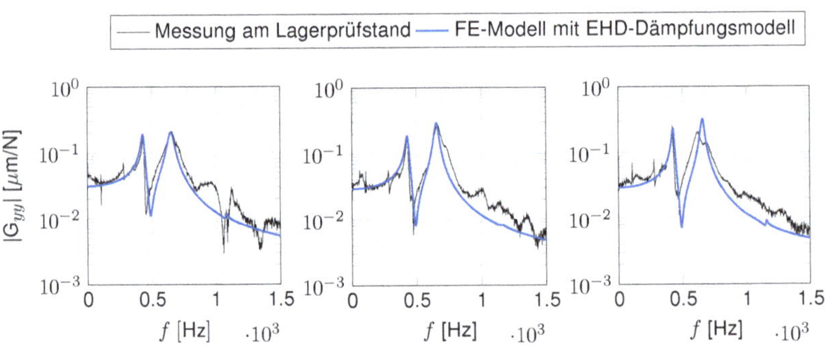

(a) radial - 1000 min^{-1} (b) radial - 8000 min^{-1} (c) radial - 15 000 min^{-1}

Abbildung 5.25: Gegenüberstellung von Experiment und Prognosesimulation der radialen Richtung unter Einsatz des Dämpfungsmodells für $n = 1000\,\text{min}^{-1}$ (a), $n = 8000\,\text{min}^{-1}$ (b), $n = 15\,000\,\text{min}^{-1}$ (c)

Comparison of experiment and estimation simulation in radial direction using the damping model for $n = 1000\,\text{min}^{-1}$ (a), $n = 8000\,\text{min}^{-1}$ (b), $n = 15\,000\,\text{min}^{-1}$ (c)

5.6 Diskussion der Ergebnisse

Discussion of results

Die in den Experimenten für die Lagerdämpfung gewonnen Daten zeigen für alle Lager die gleichen Tendenzen. Im niedrigen Drehzahlbereich bis ca. 1000 min^{-1} nimmt die Dämpfung stark ab. Ein ähnliches Bild zeigen auch die in Kapitel 4 durchgeführten Berechnungen. Nachdem dieser Drehzahlbereich durchfahren ist, stellt sich ein stark degressives Verhalten ein und die Dämpfung stagniert auf einem bestimmten Niveau. Auch dieses Verhalten wird durch das Berechnungsmodell abgebildet. Die theoretische Vorhersage, dass die relative Geschwindigkeit einen deutlich höheren Einfluss auf das Dämpfungsverhalten als die statische Vorlast hat, hat sich in den Versuchen bestätigt. Da im Versuch eine starr angestellte Lagerung verwendet wurde, steigen hier bei höheren Drehzahlen die Kontaktkräfte besonders stark an. Dennoch verharren die Dämpfungswerte auch bei höheren Drehzahlen auf einem Niveau. Im Vergleich mit den in der Literatur verfügbaren Ergebnissen gibt es sowohl Widersprüche als auch Bestätigungen. Vor allem das Modell nach Dietl stimmt mit der Vorhersage überein, dass im niedrigen Drehzahlbereich die Dämpfung zunächst mit steigender Drehzahl abfällt. Hinsichtlich der spezifischen Werte der Kontaktdämpfung fallen die Vorhersagen der Literatur deutlich höher aus. Durch den Abgleich mit den experimentellen Ergebnissen dieses Kapitels konnte gezeigt werden, dass die Werte der Kontaktdämpfung im einzelnen Wälzkontakt, die aus den EHD-Berechnungen in Kapitel 4 folgen und im Bereich 50 $N\,s\,m^{-1}$ bis 200 $N\,s\,m^{-1}$ liegen, durchaus zu realistischen Ergebnissen führen. Im Vergleich dazu liegen Modelle aus der Literatur um den Faktor zehn höher. Diese Diskrepanz ist vermutlich auch in Teilen der seit den Untersuchungen vergangenen Zeit und der seitdem erfolgten Weiterentwicklung der Lagertechnik zuzuschreiben. In der Summe lässt sich die Dämpfung eines gesamten Lagers last- und drehzahlabhängig zwischen 1000 $N\,s\,m^{-1}$ und 3000 $N\,s\,m^{-1}$ angeben.

Insgesamt ist festzuhalten, dass sowohl die experimentellen als auch simulativen Ergebnisse Aufschluss über das Dämpfungsverhalten bei Lagern mit hoher Drehzahleignung geben. Der Abgleich wurde exemplarisch für einen Lagertypen dargestellt. Da die Experimente jedoch auch für andere Lagertypen ein ähnliches Verhalten zeigen, ist davon auszugehen, dass das Modell auch für andere Lager bessere Ergebnisse liefert, als bisher bekannte Modelle, die einen Drehzahlbereich bis maximal 5000 min^{-1} abbilden. Grundsätzlich hat sich bestätigt, dass die Modellierung als lineare Federelemente mit viskoser Dämpfung ohne extern angreifende Lasten zulässig ist. Eine Bewertung der Gültigkeit für radiale Lasten und die damit einhergehende asymmetrische Steifigkeits- und Dämpfungsverteilung im Lager konnte am Prüfstand zu Gunsten des einfachen Prüfstandsaufbaus nicht durchgeführt werden. Diese Betrachtung wird im nachfolgenden Kapitel an einem realen Spindelsystem nachgeholt.

Abschließend bleibt damit auch Forschungsfrage II als positiv zu beantworten. Das theoretisch vorhergesagte Verhalten wurde qualitativ durch Versuche bestätigt. Ein quantitativer Vergleich in Form des Abgleichs zwischen Experiment und FE-Prognosemodell unter Anwendung der in Kapitel 4 bestimmten EHD-Dämpfungswerte war ebenfalls erfolgreich.

6 Einsatz des Dämpfungsmodells zur Simulation einer Motorspindel

Use of the damping model in a motor spindle simulation

Das vorgestellte Modell zur Berücksichtigung der betriebsbedingten Änderungen der Lagerdämpfung soll anhand eines realen Spindelsystems erprobt werden. Zu diesem Zweck werden im nachfolgenden Kapitel Messungen und Simulationen an einem industriell eingesetzten Spindelsystem gegenübergestellt. Vor allem der Einfluss der statischen Last, der am Lagerprüfstand konstruktions- und prinzipbedingt nicht untersucht werden kann, soll gesondert betrachtet werden. In Kapitel 5 wurde bereits gezeigt, dass mithilfe des Dämpfungsmodells prinzipiell eine gute Abbildung des Dämpfungsverhaltens erreicht werden kann. Da eine Spindel aus der industriellen Anwendung ein deutlich komplexeres System darstellt, als der im vorangegangen Kapitel genutzte Prüfstand, ist ein weiterer Vergleich sinnvoll. Dies liegt darin begründet, dass die zu untersuchende Spindel zum einen über Loslagerkomponenten verfügt, die bisher nur unzureichend untersucht worden sind, zum anderen weitere Komponenten wie die Werkzeugschnittstelle, das Spannsystem und viele zusätzliche Passfugen, die das dynamische Verhalten ebenfalls beeinflussen können.

6.1 Beschreibung des Spindelprüfstands

Motor spindle test bench

Bei der zu untersuchenden Spindel handelt es sich um eine elastisch angestellt gelagerte Motorspindel mit permanentmagneterregtem Synchronmotor. Die Leistungsdaten und der Prüfstandsaufbau sind in Abbildung 6.1 aufgeführt. Dabei wird bei der Leistung zwischen Nennleistung und Leistung bei maximaler Drehzahl unter Berücksichtigung der Feldschwächung unterschieden.

Insgesamt wird die Lagerung der Spindelwelle durch vier Spindellager realisiert. Bei den Lagern handelt es sich um kleinkugelige Hybridlager mit Keramikwälzkörpern. Diese erlauben eine sehr steife Ausführung der Spindel bei gleichzeitig hoher Drehzahleignung, die durch den

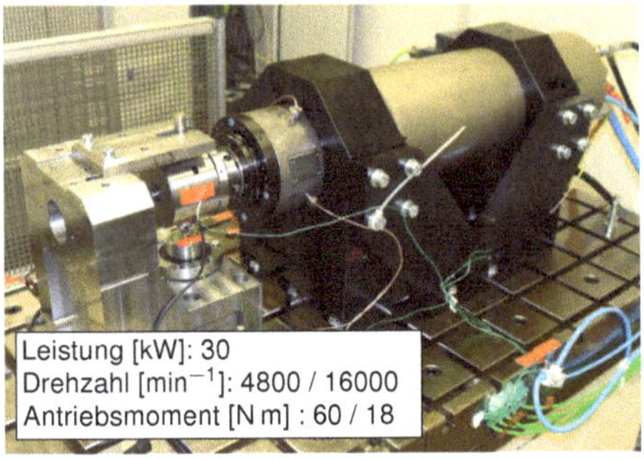

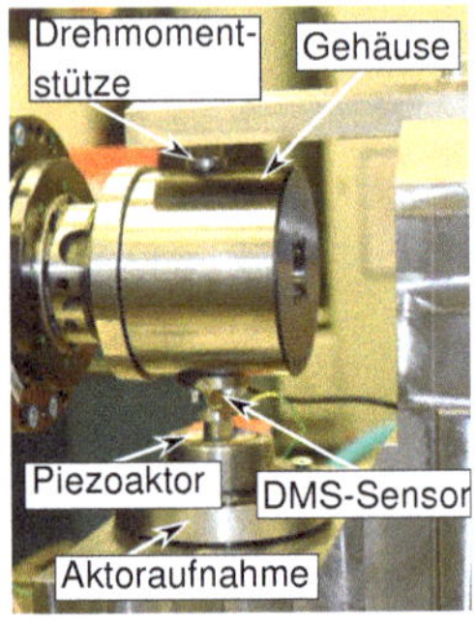

Abbildung 6.1: Prüfstandsaufbau für die Modellverifizierung an einer Hauptspindel

Test bench setup for model verification on a main spindle

Einsatz einer elastisch angestellten Lagerung unterstützt wird. Die Anordnung der Wälzlager entspricht einer Tandem-O-Anordnung. Die Loslagerung der Spindel wird mittels Gleit- und Kugelbuchse an den beiden hinteren Lagerstellen realisiert. Diese dient der Vermeidung thermisch induzierter Verspannung der Spindellager. Insbesondere bei hohen Drehzahlen ist dies von Vorteil, da sich bei einer starren Anstellung die Vorspannung infolge thermischer Dehnungen und Fliehkräfte erhöht und somit eine Eignung für hohe Drehzahlen vermindert wird. Durch die vermiedene thermische Verspannung der Spindellager verändern sich diese in ihren Steifigkeitseigenschaften deutlich geringer über den gesamten Drehzahlbereich, als dies bei einer starren Anstellung der Fall ist. Änderungen im Übertragungsverhalten vom TCP auf die Spindellagerung treten somit vor allem durch die extern am TCP angreifenden Prozesslasten auf. Nichtsdestotrotz werden auch bei einer elastischen Anstellung die Lagersteifigkeiten durch die drehzahl- und lastabhängige Kinematik beeinflusst. Der innere Spindelaufbau ist in Abbildung 6.2 schematisch in vereinfachter Weise dargestellt.

Die Anregung im Betrieb wird durch eine Radiallasteinheit vorgenommen, die mittels eines HSK63-A Sonderwerkzeugs mit der Spindelwelle verbunden ist. Die Lasteinheit ist über das Gehäuse mit einem Piezoaktor verbunden, wodurch sowohl statische Vorlasten als auch eine dynamische Anregung aufgeprägt werden können. Der Aktor ist durch Festkörpergelenke gelagert, die in Richtung der Spindelachse eine geringe Steifigkeit aufweisen, um die auf den Aktor wirkenden Biegemomente und Scherkräfte zu verringern. Ein großer Vorteil der Lasteinheit gegenüber der Anregung mittels eines Impulshammers ist vor allem die Möglichkeit der Realisierung von Kräften, die denen in realen Zerspananwendungen nachempfunden werden können. Dies erlaubt eine besonders anwendungsnahe Untersuchung der Spindel. Die Drehbewegung der Spindelwelle im Gehäuse der Lasteinheit wird mittels zweier in X-Anordnung

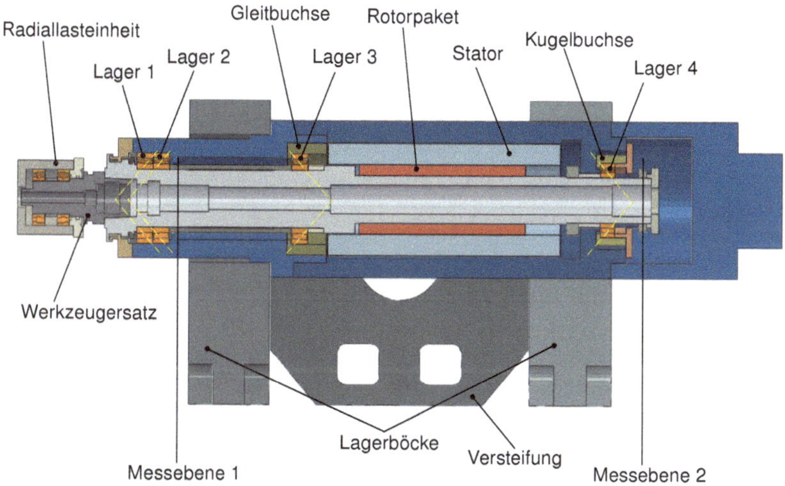

Abbildung 6.2: Schematische Darstellung des Prüfstandsinneren in der Schnittansicht
Schematic representation of the test bench interior in sectional view

elastisch angesteller Spindellager der Baugröße 7008 ermöglicht. Diese werden bei der simulativen Abbildung ebenfalls modelliert. Aus baulichen Gründen wurde auf die Messung der axialen Verlagerungen verzichtet, da keine Anregung in axialer Richtung eingebracht wird. Zur Bewertung der Simulationsgüte wird dies als ausreichend angesehen zumal für einen Abgleich an der realen Spindel meist nur eine Messstelle am TCP zur Verfügung steht und diese für einen Abgleich unter realen Bedingungen genügen muss. Die Messung der Verlagerung der Spindelwelle im Betrieb und unter Last erfolgt durch berührungslos messende Wirbelstromsensoren, die kurz hinter der Lagerstelle 2 und kurz hinter der Lagerstelle 4 jeweils in zwei radialen Raumrichtungen messen. Aufgrund geometrischer Restriktionen der Zugangsbohrungen vom Gehäuse auf die Spindelwelle mussten die Sensorbohrungen um zehn Grad gegenüber der Koordinatenachse des Aktors verdreht werden. Die Berechnung der Wellenverlagerungen im Aktorkoordinatensystem erfolgt über eine einfache ebene Koordinatentransformation. Zur Bestimmung der Übertragungsfunktionen von der Anregungsstelle an die Lagerstelle muss auch die anregende Kraft gemessen werden. Die Messung erfolgt über DMS, die auf den Festkörpergelenken appliziert sind. Die Kalibrierung der DMS erfolgt in situ mittels Reihenschaltung mit einem Piezoquarz. Nachteilig am beschriebenen Aufbau ist, dass durch die Lasteinheit eine Verstimmung des Systems gegenüber dem realen Betrieb vorgenommen wird. Die im Vergleich zu einem Werkzeug hohe Masse der Lasteinheit sorgt für eine Verschiebung der Eigenfrequenzen und führt damit auch zu größeren Lasten in den Lagern, als diese im realen Betrieb üblich sind. Aus diesem Grund ist ein solcher Aufbau für die Bestimmung der Lagerdämpfung nur bedingt geeignet. Für einen Modellabgleich ist dieser Einfluss jedoch nicht relevant. Der komplexe Aufbau der Spindel ist für den Modellabgleich von Vorteil, da nur so festgestellt werden kann, ob die Dämpfungsmodellierung der Spindel mittels Lagerdämpfung ausreichend ist oder ob weitere Einflussfaktoren berücksichtigt werden müssen.

6.2 Experimentelle Analyse des Systems

Experimental investigation of the spindle system

Um die Simulationsgüte für die Wälzlagerung bewerten zu können, werden experimentelle Daten an der eingangs erwähnten Motorspindel erhoben. Tabelle 6.1 listet die angefahrenen Betriebspunkte auf. Insgesamt werden 153 Betriebspunkte vermessen. Zwischen jeder Laststufe wurde die Spindel immer vollständig auf Umgebungstemperatur abgekühlt. Die Reihenfolge der Parametervariation lautet: 1. Drehzahl, 2. Statische Last, 3. Lastamplitude.

Die Lastamplitude ist als die korrespondierende konstante Steuerspannung des Aktors angegeben, da die tatsächlich wirkende Last abhängig von der dynamischen Steifigkeit und somit eine Funktion der Frequenz ist. Aufgrund der hohen Steifigkeit der Spindel und den daraus resultierenden geringen zu messenden Verlagerungen mit ungünstigem Signal-Rausch-Verhältnis müssen für aussagekräftige Ergebnisse viele Mittelungen der Messung eines Betriebspunktes durchgeführt werden. Dies führt wiederum zu für Frequenzgangmessungen langen Versuchszeiten. Um zeitabhängige thermische Einflüsse innerhalb dieser Versuchszeiten so gering wie möglich zu halten, werden die Messungen erst nach Erreichen der drehzahlabhängigen Beharrungstemperatur durchgeführt. In der Folge werden jedoch die Spindellager unter unbekannten und höheren Temperaturen betrieben, als dies der Fall bei sehr kurzen Versuchszeiten der Fall ist. Diese Unsicherheit wächst tendenziell mit steigender Betriebstemperatur und damit auch mit steigender Drehzahl. Sie ist in diesem Fall jedoch zu Gunsten der Ergebnisqualität der Frequenzgangmessungen nicht zu vermeiden.

Insgesamt wird der gesamt nutzbare Drehzahlbereich der Spindel inklusive Feldschwächebereich von $1000\,\mathrm{min}^{-1}$ bis $16\,000\,\mathrm{min}^{-1}$ untersucht. Beispielhafte Ergebnisse der gemessenen Zeitdaten sind in Abbildung 6.3 dargestellt. Die statischen Lasten bewegen sich zwischen 500 N und 1500 N und die dynamischen Lasten ca. zwischen 50 N und 200 N bzw. im Resonanzbereich 250 N bis 500 N, da diese aufgrund der frequenzabhängigen Nachgiebigkeit der Spindel schwanken und der dynamische Anteil der Aktorspannung nur gesteuert und nicht geregelt

Tabelle 6.1: Parameterbereiche der Untersuchungen an einer Hauptspindel

Parameter ranges of the experiments on a main spindle

Versuche	Drehzahl [min^{-1}]	Statische Last [N]	Lastamplitude [V]
1-51	0 - 16000	500/1000/1500	0,3
52-102	0 - 16000	500/1000/1500	0,5
103-153	0 - 16000	500/1000/1500	0,7

wird. Der Einfluss des Rundlaufs auf die statische Vorlast ist deutlich zu erkennen. Aufgrund der hohen Steifigkeit der Lagerung sorgen bereits geringe Rundlauffehler für verhältnismäßig hohe Kräfte am Aktor, die durch die Kraftregelung des Aktors nicht kompensiert werden können und für eine zusätzliche drehzahlharmonische Anregung sorgen. Da diese drehzahlharmonische Anregung mit den zur Verfügung stehenden Mitteln nicht ausgeregelt werden kann, schlägt sie sich in den Signalen für die Berechnung der Nachgiebigkeitsfrequenzgänge nieder und muss daher nachträglich digital gefiltert werden. Abbildung 6.3 verdeutlicht dies für drei verschiedene statische Lasten bei drei verschiedenen Drehzahlen. Die Ausschnitte der Messschriebe zeigen ein Lastspiel beginnend mit Lastaufbau. Auffällig ist in jedem Lastspiel der Anstieg der Amplituden, was auf die Lage einer Resonanzstelle im durchfahrenen Frequenzbereich hindeutet.

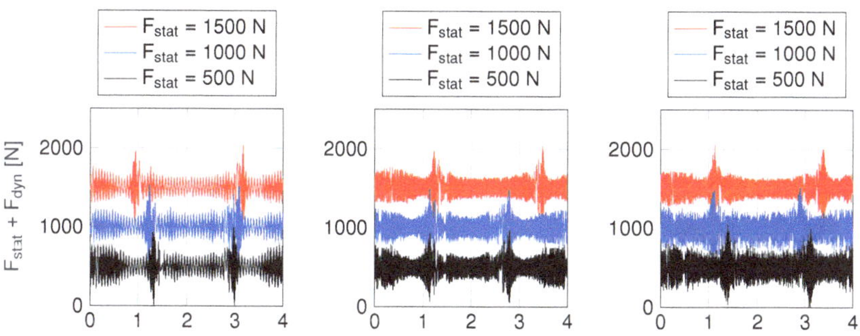

(a) 1000 min^{-1} (b) 8000 min^{-1} (c) 16 000 min^{-1}

Abbildung 6.3: Gemessene Kraftamplituden an der Lasteinleitungsstelle für 1000 min^{-1} (a), 8000 min^{-1} (b) und 16 000 min^{-1} (c)

Measured force amplitudes at the load application point for 1000 min^{-1} *(a),* 8000 min^{-1} *(b) and* 16 000 min^{-1} *(c)*

Aufgrund der hohen Spindelsteifigkeit und der realisierbaren dynamischen Kraft fallen die gemessenen dynamischen Verlagerungen relativ gering aus. Da mit der eingesetzten Wirbelstromsensorik jedoch eine Auflösung bis zu 0,06 μm erreicht werden kann, sind aus den Signalen weitere, aussagekräftige Resultate zu generieren. Anhand der Verlagerungsdaten in Abbildung 6.4 lässt sich erkennen, dass neben dem Einfluss der statischen Vorlast ebenfalls Einflüsse aus Kinematik oder Temperatur auf das statische Verhalten wirken. Die statische Verlagerung nimmt mit steigender Drehzahl ab. Die Zunahme von Δ_{rad,L_1} auf einer Drehzahlstufe erfolgt infolge der ansteigenden statischen Vorlast. Die Abnahme des statischen Verlagerungsanteils von 1000 min^{-1} bis 16 000 min^{-1} lässt sich mit der Erwärmung der Spindelwelle erklären, die sich in der Regel schneller erwärmt als das Spindelgehäuse. Demnach nimmt der Abstand zwischen Spindelwelle und Gehäuse ab. Das radiale Wachstum der Spindel liegt mit ca. 10 μm bei einem Durchmesser von 70 mm im Bereich realistischer Werte für eine thermische Ausdehnung. Negative Werte können erreicht werden, da der Referenzpunkt des Sensors in der Mitte zwischen Sensor und Spindelwelle liegt.

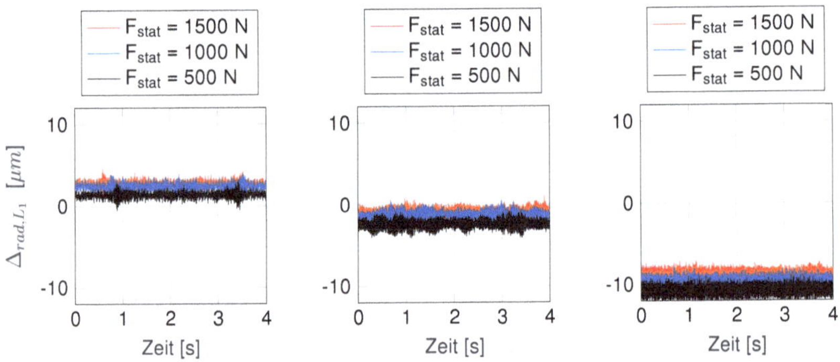

(a) 1000 min^{-1} (b) 8000 min^{-1} (c) 16 000 min^{-1}

Abbildung 6.4: Gemessene radiale Verlagerungen in Messebene 1 für 1000 min^{-1} (a), 8000 min^{-1} (b) und 16 000 min^{-1} (c)

Measured radial displacements in measuring plane 1 for 1000 min^{-1} *(a),* 8000 min^{-1} *(b) and* 16 000 min^{-1} *(c)*

Mittels der in Kapitel 2.5 dargelegten Methoden können aus den gewonnenen experimentellen Daten die Übertragungsfunktionen von der Lasteinleitungsstelle zu den Lagerstellen bestimmt werden. Die, aus den in den Abbildungen 6.3 und 6.4 dargestellten Daten, ermittelten Übertragungsfunktionen sind in Abbildung 6.5 zu sehen. Sie zeigen die Übertragungsfrequenzgänge bzw. Nachgiebigkeitsfrequenzgänge von der Krafteinleitung zur Messebene 1 kurz hinter Lager

2 in Abhängigkeit der Drehzahlen und der statischen Lasten. Zunächst fällt als global dominante Resonanzüberhöhung der Peak bei ca. 620 Hz auf. Der sehr steile Phasenabfall weist ebenso wie die starke Amplitudenüberhöhung auf eine sehr schwache Dämpfung hin. Eine weitere Resonanzüberhöhung mit entsprechendem Phasenabfall ist bei etwa 1100 Hz zu erkennen, der in zwei getrennte Überhöhungen aufgespalten ist. Insgesamt zeigt sich bei 1000 min^{-1} ein geringer Einfluss der statischen Last. Die gleichen Resonanzstellen zeigen sich bei 8000 min^{-1}. Der dominante Peak geht etwas zurück, was auf eine ansteigende Dämpfung hinweist. Des Weiteren zeigt sich bei etwa 400 Hz ein weiterer Peak, der bei 1000 min^{-1} ebenfalls bereits vorhanden, jedoch deutlich abgeschwächt auftritt. Der Drehzahlanstieg auf 16 000 min^{-1} verstärkt die Bildung dieses Peaks weiter. Die Amplitude steigt bis zur Maximaldrehzahl weiter an, während die global dominante Überhöhung weiter abnimmt. Da die Messungen der Verlagerungen der Spindelwelle relativ zum Gehäuse durchgeführt wurden, ist davon auszugehen, dass es sich bei den beobachteten Resonanzüberhöhungen um Eigenmoden handelt, die der Welle zuzuordnen sind. Aufgrund der baulichen Beschränkungen ist eine Messung dieser Eigenmoden mittels experimenteller Modalanalyse nicht möglich. Daher muss die Zuordnung der Eigenmoden mithilfe eines Simulationsmodells durchgeführt werden. Da die Lage der Resonanzstellen weitestgehend unabhängig von der Lagerdämpfung ist und die für das Modell erforderlichen Steifigkeiten mit guter Genauigkeit über die konventionelle Lagerberechnung abgebildet werden können, ist dieses Vorgehen zulässig. Aus diesem Grund wird im nächsten Kapitel auf die Modellierung der Spindel eingegangen, und es werden die für das Dämpfungsmodell notwendigen Lagergrößen sowie das Dämpfungsmodell selbst bestimmt.

6.3 Modellierung einer elastisch angestellten Motorspindel

Validation for an elastic motorspindle

Das Modell, das zum Abgleich mit den experimentellen Daten verwendet wird, basiert wie das Modell des Lagerprüfstands in Kapitel 5 auf einer FE-Modellierung. Die Modellierung einzelner Bauteile bereitet, ebenso wie in Kapitel 5.2 gezeigt, in der Regel keine Schwierigkeiten. Daher wird in diesem Kapitel noch einmal die Modellierung der Koppelstellen im Kontext der Systemsimulation gesondert aufgegriffen. Eine Modellierung aller Passfugen mit einem physikalischen Kontaktverhalten ist bei der Vielzahl an Kontakten und unbekannten Parametern, wie beispielsweise genauen Fertigungsmaßen, nicht zielführend. Verschraubte Koppelstellen z. B. sind in den meisten Fällen derart steif ausgeführt, dass sie beim dynamischen Verhalten gegenüber Koppelstellen, wie Lagern oder Führungen, nicht ins Gewicht fallen und eine Modellierung als ideal steife Verbindung zwischen den verschraubten Bauteilen zulässig ist und das reale Verhalten gut abgebildet wird. Dies ist erfahrungsgemäß vor allem bei Schraubverbindun-

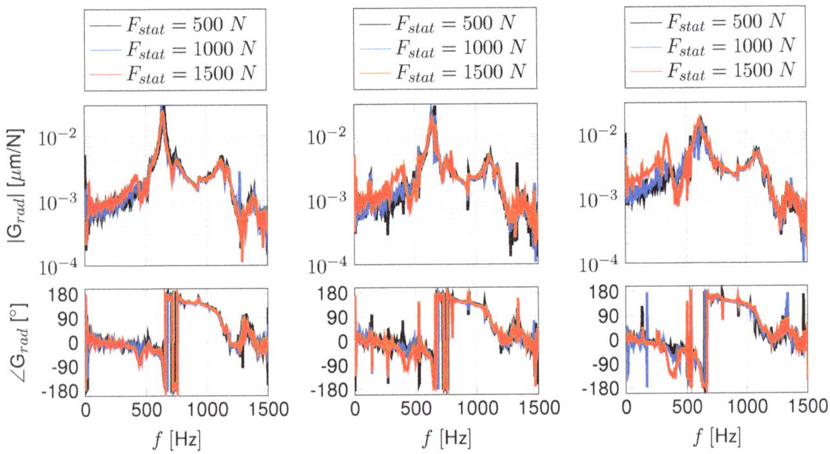

(a) 1000 min^{-1} (b) 8000 min^{-1} (c) 16 000 min^{-1}

Abbildung 6.5: Gemessene Nachgiebigkeitsfrequenzgänge zwischen Lasteinleitung und Messstelle 1 in Lastrichtung für 1000 min^{-1} (a), 8000 min^{-1} (b) und 16 000 min^{-1} (c)

Measured compliance frequency responses between load introduction and measuring point 1 in load direction for 1000 min^{-1} *(a),* 8000 min^{-1} *(b) and* 16 000 min^{-1} *(c)*

gen mit geringem Abstand zwischen den Bohrungen der Fall. Schraubverbindungen mit einem großen Abstand zwischen den Bohrungen werden ebenfalls durch ideal steife Bauteilverbindungen abgebildet, wobei die sich berührenden Flächen nicht vollständig miteinander verbunden werden, sondern die Verbindung in einem Radius um den Bohrungsmittelpunkt modelliert wird. Die Schraubverbindung und deren Druckkegel kann hierfür nach [VERE03] berechnet werden. In der Praxis hat sich ein Wert entsprechend dem drei- bis vierfachen des Schraubennenndurchmessers um den Bohrungsmittelpunkt als Einflussfläche bewährt [NEHE12, S.75]. Die Berücksichtigung der Eigenschaften der HSK63-A Werkzeugschnittstelle erfolgt durch eine in axiale Richtung ideal steife Verbindung und im Werkzeugkegel mithilfe einer linearen Feder. Die eingesetzten Steifigkeiten sind aus [MÜLL16] bekannt, die genutzten Dämpfungswerte aus [BREC16]. Die größte Unsicherheit bei der Modellierung der Spindel sind die Loslagerkomponenten. In der Spindel sind – wie oben beschrieben – sowohl eine Gleit- als auch eine Kugelbuchse verbaut. Diese wurden im Modell als ideale Loslager mit geringer axialer Steifigkeit, entsprechend der Federsteifigkeit der Vorspannfedern, modelliert. Da über die Steifigkeitseigenschaften dieser Komponenten nur wenig bekannt ist und die Dämpfungseigenschaften nur in geringem Umfang in [BREC15] untersucht wurden, ist es sinnvoll, die Berücksichtigung über die eigentliche Lagerstelle vorzunehmen. Dies ist gleichbedeutend mit einer Reihenschaltung von Loslagerkomponente und Spindellager. Durch diese Vorgehensweise werden geometrische Fehler in Form geringerer Stützweiten eingebracht. Im Sinne einer Systemprognose ist ein solches Vorgehen jedoch gerechtfertigt, da keine anderen Parameter zur Verfügung stehen. Da der Fokus dieser Arbeit auf der Modellierung der Spindellager liegt, wird die Vorgehensweise an dieser Stelle nochmals detaillierter vorgestellt. Dazu wird die Steifigkeit der Spindellager durch den Einsatz konventioneller Methoden bestimmt. Die berechneten Steifigkeiten sind in Abbildung 6.6 dargestellt. Es ist zu erkennen, dass sich das Verhalten aller Lager sehr ähnelt. Lediglich Lager 4 zeigt aufgrund der kleineren Baureihe einen quantitativen Unterschied zu den anderen Lagerstellen. Weiterhin fällt auf, dass durch kinematische Einflüsse die Steifigkeit bei höheren Drehzahlen abfällt. Die unterschiedlichen statischen Vorlasten am TCP hingegen haben einen deutlich geringeren Einfluss als die Drehzahl. Durch den Einsatz der berechneten Spindellagersteifigkeiten kann das Gesamtmodell vervollständigt werden und die Eigenmoden, die wie eingangs erwähnt nicht experimentell bestimmbar sind, können näherungsweise berechnet werden. Abbildung 6.7 zeigt alle berechneten Eigenmoden im Bereich zwischen 1 Hz und 1500 Hz. Durch die Farbskalierung ist deutlich zu sehen, dass, bis auf die letzte Eigenmode bei 1466 Hz, alle anderen Eigenmoden durch eine elastische Verformung bzw. Bewegung der Spindelwelle charakterisiert sind und diese Eigenmoden damit potenziell auch einen negativen Einfluss auf das Bearbeitungsergebnis haben können. Dies sind damit auch die Eigenmoden, deren Amplitudenüberhöhung im Frequenzgang durch die Lagerdämpfung beeinflusst werden und die sich damit für einen Abgleich mit den experimentellen Daten eignen. Die in Kapitel

6.2 benannten dominanten Frequenzen lassen sich den durch die numerische Modalanalyse bestimmten Eigenformen zuordnen. Bei der global dominanten Eigenfrequenz von ca. 620 Hz handelt es sich um die 1. Biegeeigenfrequenz der Welle, die aufgrund der Masse der Lasteinheit an der Spitze der Spindel eine besonders hohe Auslenkung erfährt. Im Vergleich mit den Experimenten fällt eine Abweichung der entsprechenden Eigenfrequenz auf. Die mit der experimentell ermittelten Eigenfrequenz korrespondierende Eigenfrequenz der Simulation liegt bei 604 Hz, da diese die einzige Frequenz im entsprechenden Frequenzbereich ist, die eine Auslenkung in Anregungsrichtung erfährt. Geringe Abweichungen dieser Größenordnung lassen sich in den meisten Fällen auf nicht ganz exakte Abbildungen der Bauteilsteifigkeiten und Koppelstellen zurückführen. Dieses Problem wurde bereits in Kapitel 6.3 adressiert. Der im Bereich 400 Hz mit steigender Drehzahl entstehende Peak ist ein Einfluss der axialen Eigenfrequenz. Er tritt bei der höchsten, untersuchten Last von 1500 N auf, da, durch die radiale Belastung und die sich dadurch einstellende Biegung der Welle, ebenfalls eine axiale Bewegung an den relativ messenden Wirbelstromsensoren festgestellt wird.

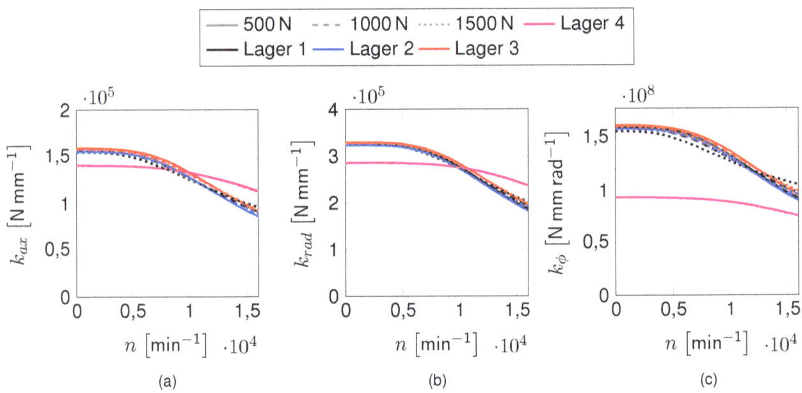

Abbildung 6.6: Axial- (a), Radial- (b)und Kippsteifigkeiten (c) der Lagerstellen 1 bis 4 der Versuchsspindel

Axial (a), radial (b) and tilting stiffness (c) of bearing positions 1 to 4 of the test spindle

Aus Kapitel 4 ist bekannt, dass die wälzkontaktbezogene Dämpfung sowohl kraft- als auch geschwindigkeitsabhängig ist. Daher werden beide Kontaktgrößen für die Lager betrachtet. Im Vergleich zu den Prüfstandsversuchen in Kapitel 5 ist eine Betrachtung notwendig, da sich die Kontaktkräfte und relativen Kontaktgeschwindigkeiten infolge der statischen Vorlast über den Umfangswinkel des Lagers deutlich ändern. Auch wenn sich, wie weiter oben gezeigt, die

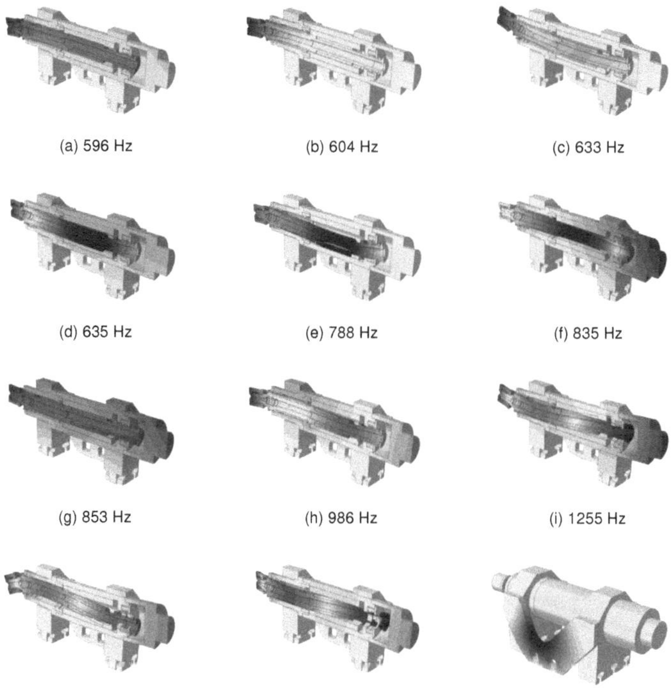

(a) 596 Hz (b) 604 Hz (c) 633 Hz

(d) 635 Hz (e) 788 Hz (f) 835 Hz

(g) 853 Hz (h) 986 Hz (i) 1255 Hz

(j) 1328 Hz (k) 1335 Hz (l) 1466 Hz

Abbildung 6.7: Darstellung aller Eigenmoden der Versuchsspindel im Frequenzbereich bis 1500 Hz

Representation of all eigenmodes of the test spindle in the frequency range up to 1500 Hz

über den Umfang nicht konstante Last nur unwesentlich auf die Steifigkeiten auswirkt, sind größere Auswirkungen auf die Dämpfung nicht auszuschließen. Der Einfluss der Kontaktgeschwindigkeiten soll an dieser Stelle nicht mehr gesondert betrachtet werden, da sich diese der Erfahrung nach unter Last nur sehr geringfügig ändern. Abbildung 6.8 zeigt zur Veranschaulichung Kontaktlastverteilungen für verschiedene exemplarische Betriebspunkte eines Lagers, die als Eingangsparameter der kontaktbezogenen Dämpfungsermittlung mittels Gleichung 4.17 genutzt werden und schließlich mittels Gleichung 5.7 zu einer gemittelten Gesamtlagerdämpfung zusammengefasst werden. Diese ist abschließend in Abbildung 6.9 dargestellt und wird zur Berechnung der Motorspindel im FE-Modell integriert.

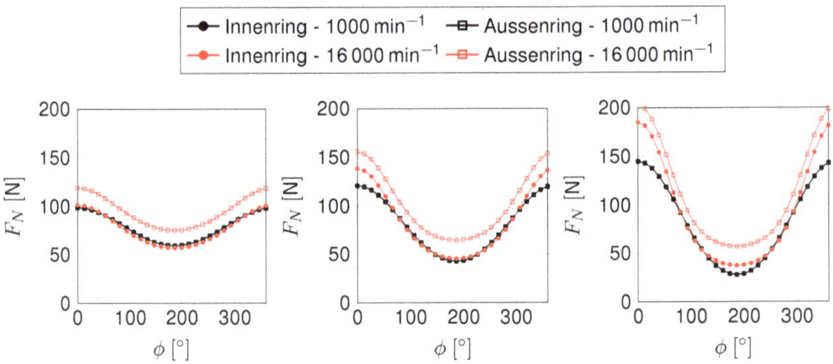

(a) 500 N (b) 1000 N (c) 1500 N

Abbildung 6.8: Kontaktlastverteilung über den Umfang für ausgewählte Betriebszustände in Lagerstelle 1: (a) 500 N, (b) 1000 N, (c) 1500 N

Contact load distribution over the circumference for selected operating conditions in bearing position 1: (a) 500 N, *(b)* 1000 N, *(c)* 1500 N

6.4 Vergleich zwischen Simulation und Experiment

Comparison of simulation and experiment

Für den Vergleich zwischen Experiment und Simulation werden in Abbildung 6.10 verschiedene, über den Versuchsraum verteilte, Betriebspunkte miteinander verglichen. Durch die unmittelbare Gegenüberstellung von Simulation und Experiment offenbaren sich sowohl Stärken als auch Schwächen des Dämpfungsmodells. Es zeigt sich, dass im Zusammenspiel mit der konventionellen Lagerberechnung eine gute Annäherung an das reale Prüfstandsverhalten erzielen lässt, vgl. Abbildung 6.10a und 6.10b. Dies ist vor dem Hintergrund bisher nicht verfüg-

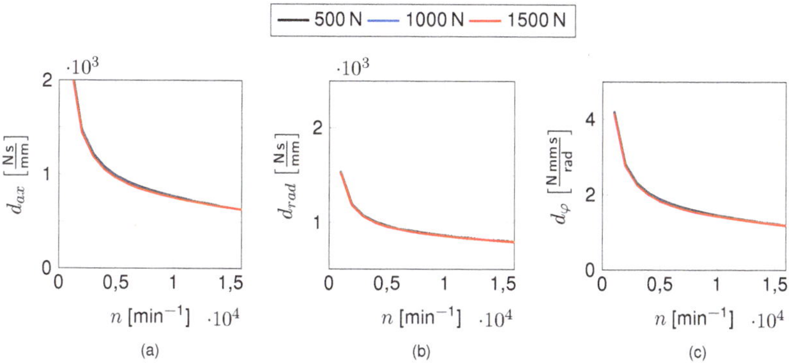

Abbildung 6.9: Ergebnisse des mit Gleichung 4.17 berechneten betriebsabhängigen Dämpfungsmodells für Lager 1

Results of the operation-dependent damping model for bearing 1 calculated with equation 4.17

barer Dämpfungswerte für Spindellager als Erfolg zu bewerten. Nichtsdestotrotz werden auch Schwächen sichtbar. Während bei mittlerer Drehzahl noch eine gute Übereinstimmung vorzufinden ist, nimmt die Prognosegüte bei hohen Drehzahlen ab. Die Amplituden werden vom Rechenmodell deutlich überschätzt, was zumindest den positiven Effekt mit sich bringt, dass die Systemantwort nicht unterschätzt wird und als obere Schranke fungieren kann, vgl. Abbildung 6.10c. Zum Vergleich wurde in Abbildung 6.10c zusätzlich eine Rechnung mit angepassten Dämpfungswerten dargestellt, die in etwa das Amplitudenniveau des Experiments abbildet. Die Dämpfungswerte mussten hierfür um den Faktor 4 erhöht werden. Ob die erhöhte Dämpfung bei hohen Drehzahlen aus Effekten herrührt, die durch das Dämpfungsmodell nicht abgebildet werden oder ob gänzlich andere Effekte, die ihren Ursprung beispielsweise in den Loslagerkomponenten haben, dafür verantwortlich sind, kann nicht mit Sicherheit gesagt werden und bedarf weiterer Untersuchungen.

6.5 Diskussion der Ergebnisse

Discussion of results

Die Ergebnisse dieses Kapitels zeigen, dass das in dieser Arbeit entwickelte Dämpfungsmodell das physikalische Verhalten auch in komplexen Systemen, wie der untersuchten Motorspindel, grundsätzlich wiedergibt. Allerdings wird auch deutlich, dass weitere, die Dämpfung

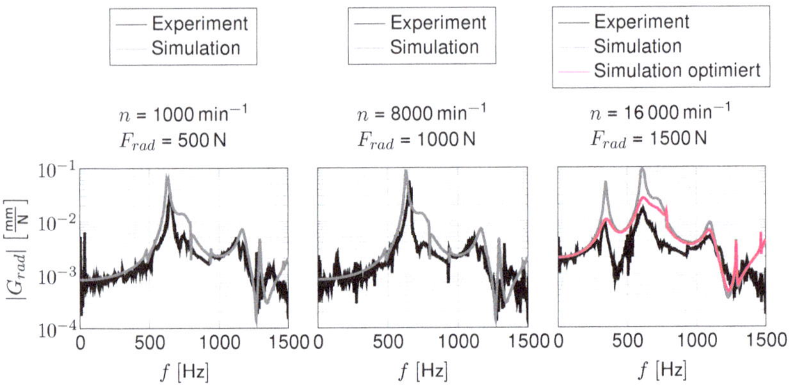

Abbildung 6.10: Vergleich zwischen Simulation und Experiment der Prüfspindel bei ausgewählten Betriebspunkten

Comparison between simulation and experiment of the test spindle at selected operating points

beeinflussende Effekte bestehen, die durch die Lagermodellierung nicht abgedeckt werden. In erster Linie sind dies zunächst die Loslagerkomponenten, über deren Einfluss auf das dynamische Verhalten bisher wenig Kenntnis besteht. Der Vergleich von Simulation und Experiment einer Versuchsspindel zeigt, dass die Amplitudenüberhöhungen der Nachgiebigkeitsfrequenzgänge mit guter Übereinstimmung abgebildet werden. In höheren Drehzahlbereichen nimmt die Übereinstimmung jedoch deutlich ab. Es liegt nahe, dass thermische Effekte hier eine Rolle spielen, da diese durch die Modellierung nicht berücksichtigt werden. Eine Vermeidung der thermischen Einflüsse durch kürzere Versuchszeiten war aufgrund des ungünstigen Signal-Rausch-Verhältnisses infolge der hohen Spindelsteifigkeit nicht möglich. Nichtsdestotrotz ist das Modell auch in den Bereichen geringerer Übereinstimmung als Abschätzung verwendbar. Insgesamt bleibt aufgrund der Ergebnisse ein positives Fazit zu ziehen, insbesondere da bisher keine Dämpfungsmodelle für Spindellager und deren übliche Betriebsbereiche zur Verfügung standen. Hinsichtlich der Beantwortung von Forschungsfrage III lässt sich feststellen, dass die Prognosesimulation durch das in dieser Arbeit abgeleitete Dämpfungsmodell verbessert wird.

7 Zusammenfassung und Ausblick

7.1 Zusammenfassung

Die vorliegende Arbeit befasst sich mit der rechnerischen und experimentellen Bestimmung des Dämpfungsverhaltens von Spindellagern und leistet somit einen Beitrag zum besseren Verständnis des Dämpfungsverhaltens und den Methoden mit deren Hilfe dieses abgebildet werden kann. Zusammenfasst ist das Forschungsziel der Arbeit,

die Prognosemöglichkeit von Spindelsystemen mit vorgespannten Hochgenauigkeits-Schrägkugellagern durch Einsatz von a priori durchgeführten EHD-Berechnungen zu verbessern.

Die Erreichung dieses Ziels erfolgt durch die Beantwortung der drei Forschungsfragen

- Existiert ein Zusammenhang zwischen inneren Lagergrößen und der Lagerdämpfung, sodass diese theoretisch bestimmt werden kann?
- Lässt sich aus diesem Zusammenhang ein einfaches lineares, betriebspunktabhängiges Modell ableiten, das für die Dynamiksimulation von Hauptspindelsystemen einsetzbar ist und mit experimentellen Ergebnissen gute Übereinstimmung zeigt?
- Können mit dem Modell bessere Ergebnisse bei der Prognose des dynamischen Hauptspindelverhaltens erzielt werden?

Kapitel 2 liefert hierzu eine Zusammenfassung der für die Beantwortung notwendigen Methoden aus den Bereichen der Wälzlagerberechnung, der Berechnung dynamischer Systeme, der Berechnung von EHD-Kontakten und der messtechnischen Untersuchung dynamischer Systeme. Außerdem werden die dem Themenkomplex Wälzlagerdämpfung zuzuordnenden, wichtigsten wissenschaftlichen Publikationen zusammengefasst.

Kapitel 3 motiviert nochmals die Notwendigkeit der Kenntnis der Spindellagerdämpfung und leitet aus der Zusammenfassung des Stands der Forschung aktuelle Defizite ab, die es mit dieser Arbeit zu adressieren gilt. Darauf aufbauend werden Forschungshypothese und -fragen abgeleitet. Den Schluss des Kapitels bildet der strukturelle Aufbau der Arbeit, in dem die Zusammenhänge der Kapitel sowie eine Zuordnung der Forschungsfragen zu den einzelnen Kapiteln durchgeführt wird.

In Kapitel 4 erfolgt die theoretische Behandlung der Wälzkontaktdämpfung auf Basis der Berechnung von EHD-Kontakten. Es werden die notwendigen Gleichungen zur Beschreibung des geschmierten Wälzkontaktes behandelt und es wird erklärt, wie von der zeitabhängigen Wälzkontaktberechnung auf das Dämpfungsverhalten geschlossen werden kann. Danach erfolgen auf Basis der statistischen Versuchsplanung Berechnungen zur Bestimmung der Haupteinflüsse auf das betriebsabhängige Dämpfungsverhalten. Darauf aufbauend wird beispielhaft ein einfaches Modell der Dämpfung in Abhängigkeit der Betriebsparameter Kontaktlast, Kontaktgeschwindigkeit, Anregungsfrequenz und statische Vorlast abgeleitet. Abschließend werden betriebsunabhängige Parameter des Lagers auf deren Einfluss untersucht. Die theoretischen Einflüsse auf die Kontaktdämpfung werden durch die Untersuchungen dargelegt, wodurch Forschungsfrage I positiv beantwortet wird.

Aufbauend auf Kapitel 4 werden in Kapitel 5 Prüfstandversuche an einem Lagerprüfstand durchgeführt. Hierzu wird dieser zunächst dynamisch vermessen, um ein valides FEM-Prüfstandsmodell für einen späteren Abgleich zur Verfügung zu haben. Vor der Vermessung des eigentlichen Untersuchungsobjekts Spindellager werden Untersuchungen zum Passungseinfluss durch den Einsatz von Lagerersatzkörpern durchgeführt. Die Ergebnisse zeigen einen Einfluss, wenngleich die Fugen in den Experimenten keine großen Flächenpressungen erfahren. Der nächste Schritt ist die Untersuchung von Spindellagern zunächst im Stillstand und dann unter Drehzahl. Es zeigt sich ein reproduzierbares Dämpfungsverhalten, das sich in Form von mit der Drehzahl abnehmenden Dämpfungskoeffizienten äußert. Abschließend wird das in Kapitel 4 abgeleitete Modell genutzt, um einen Zusammenhang zwischen Theorie und Praxis herzustellen. Das Ergebnis ist, dass ein qualitativer und in Teilen auch quantitativer Zusammenhang hergestellt werden kann. Daraus folgt, dass auch die zweite Forschungsfrage nach der experimentellen Bestätigung der in der Theorie vorherrschenden Einflüsse positiv beantwortet wird.

Den Schluss der Arbeit bildet Kapitel 6 mit dem Versuch, das dynamische Verhalten eines industriell eingesetzten Spindelsystem zu prognostizieren. Die Parametrierung des Dämpfungsmodells erfolgt dabei erneut für die in der Versuchsspindel verbauten Spindellager. Es zeigt sich, dass trotz großer Unsicherheiten, die beispielsweise aus den Loslagerkomponenten herrühren, ein für weite Teile des Betriebsbereiches gutes Abbild der realen Verhältnisse erreicht werden kann. Dennoch werden auch Schwachstellen des Modells aufgedeckt. Vor allem im hohen Drehzahlbereich versagt das Modell und der simulative Amplitudengang weicht deutlich vom Experiment ab. Dies führt dazu, dass auch Forschungsfrage III zu großen Teilen positiv beantwortet werden kann, jedoch auch weitere Fragestellungen aufgeworfen werden.

7.2 Ausblick

Auch wenn durch die vorliegende Arbeit wichtige Fragen geklärt werden konnten ist weiterer Forschungsbedarf vorhanden. Es wurde angeführt, dass es weitere Modellierungsmöglichkeiten für die Abbildung von Wälzlagern in der dynamischen Simulation gibt. Eine vollständige Abbildung durch ein starres- oder flexibles Mehrkörpermodell ist denkbar, konnte im Rahmen der Arbeit aber nicht behandelt werden. Dies eröffnet die Möglichkeit einer sowohl räumlich als auch zeitlich aufgelösten Steifigkeits- und Dämpfungsmodellierung. Interessant ist diese Modellierungsstrategie vor allem für die Zeitsimulation, da das resultierende nichtlineare System direkt gelöst werden kann.

Der Einfluss der Loslagerkomponenten wurde in dieser Arbeit nur sehr rudimentär berücksichtigt. Hier besteht ebenfalls die Möglichkeit einer tiefergehenden Betrachtung. Da die Kontaktbedingungen deutlich anders als beim EHD-Kontakt sind, müssen für die Berechnung andere Ansätze gewählt werden. Dabei kann auch der Einfluss im Gesamtsystem näher betrachtet werden.

Die am Prüfstand durchgeführten Arbeiten zur Betrachtung der Dämpfung erforderten einen speziellen Prüfstandsaufbau, damit eine isolierte Betrachtung möglich ist. Ziel weiterer Arbeiten sollte es sein, eine Dämpfungs- und Steifigkeitsidentifikation direkt in situ am Spindelsystem in der eingebauten Maschine vorzunehmen.

Summary and Outlook

7.1 Summary

The present work deals with the computational and experimental determination of the damping behavior of spindle bearings and thus contributes to a better understanding of the damping behavior and the methods by which it can be simulated. In summary, the research objective of the work is,

to improve the prediction capability of spindle systems with preloaded high precision angular contact ball bearings by using EHD calculations performed apriori.

The achievement of this goal is done by answering the three research questions

- Is there a relationship between internal bearing parameter and bearing damping so that it can be theoretically determined?
- Can a simple linear, operating point-dependent model be derived from this context, which can be used for the dynamics simulation of main spindle systems and shows good agreement with experimental results?
- Can the model achieve better results in predicting dynamic main spindle behavior?

Chapter 2 provides a summary of the methods from the fields of rolling bearing calculation, calculation of dynamic systems, calculation of EHD contacts and experimental investigation of dynamic systems. In addition, the most important scientific publications related to the topic of rolling bearing damping are summarized.

Chapter 3 once again motivates the need for knowledge of spindle bearing damping and derives current deficits from the summary of the state of research. Based on this, research hypothesis and questions are derived. The chapter concludes with the structure of the thesis, in which the interrelationships of the chapters and an assignment of the research questions to the individual chapters are carried out.

Chapter 4 deals with the theoretical treatment of rolling contact damping based on the calculation of EHD contacts. The necessary equation for the description of the lubricated rolling contact is dealt with and it is explained how the damping behavior can be inferred from the time-dependent rolling contact calculation. This is followed by calculations based on a full factorial design of experiments to determine the main influences on the operation-dependent damping behavior. Based on this, a simple model of the damping is derived as a function of the operating parameters contact load, contact speed, excitation frequency and static preload. Finally, the influence of operation-independent parameters of the bearing is investigated. The theoretical influences on the contact damping are demonstrated by the investigations, whereby research question I is answered positively.

Building on chapter 4, test rig experiments are carried out on a bearing test rig in chapter 5. For this purpose, the test rig is first dynamically measured in order to have a valid FEM test rig model available for subsequent comparison. Before measuring the actual spindle bearings, investigations are carried out to determine the influence of the bearing interface. The results show an influence, although the joints do not experience large surface pressures in the experiments. The next step is to investigate spindle bearings first at standstill and then under speed. A reproducible damping behavior is shown, which is expressed in the form of damping coefficients decreasing with speed. Finally, the model derived in Chapter 4 is used to establish a link between theory and practice. The result is that a qualitative and in parts also a quantitative connection can be established. It follows that the second research question concerning the experimental confirmation of the influences prevailing in the theory is also answered positively.

Chapter 6 concludes the thesis with an attempt to predict the dynamic behavior of an industrial spindle system. The damping model is again parameterized for the spindle bearings installed in the test spindle. It is shown that, despite large uncertainties resulting from the floating bearing components, a good representation of the real conditions can be achieved for large parts of the operating range. Nevertheless, weak points of the model are also revealed. Especially in the high speed range, the model fails and the simulated amplitude response deviates significantly from the experiment. As a result, research question III can also be answered positively to a large extent, but further questions are also raised.

By answering the three research questions positively, the research objective formulated in Chapter 3 can be judged as fulfilled.

7.2 Outlook

Even if important questions could be clarified by the present work, some central questions remain open.

It was stated that there are further modeling possibilities for the representation of rolling bearings in the dynamic simulation. A complete representation by a rigid or flexible multi-body model is conceivable, but could not be dealt with within the scope of the work. This opens up the possibility of both spatially and temporally resolved stiffness and damping modeling. This modeling strategy is particularly interesting for time simulation, since the resulting nonlinear system can be solved directly.

The influence of the floating bearing components was only considered in a very rudimentary way in this work. Here, there is also the possibility of a more in-depth consideration. Since the contact conditions are significantly different from those of the EHD contact, other approaches must be chosen for the calculation. The influence in the overall system can also be considered in more detail.

The work carried out on the test rig to consider damping required a special test rig setup so that an isolated consideration is possible. The aim of further work should be to carry out a damping and stiffness identification directly in situ on the spindle system in the installed machine.

A Vollfaktorielle Versuchsplanung (DoE)

Tabelle A.1: Simulationsparameter für die transiente EHD-Berechnung

Simulation parameter for the transient EHL-Calculations

Nr.	F_{stat} [N]	v_K [m/s]	T_{ex} [s]	F_{dyn} [N]
1	150.0	22.5000	0.0105	0.1000
2	150.0	40.0	0.0200	0.0750
3	5.0	22.5000	0.0200	0.0750
4	77.5000	22.5000	0.0200	0.1000
5	5.0	5.0	0.0010	0.0750
6	5.0	40.0	0.0010	0.1000
7	150.0	22.5000	0.0010	0.1000
8	5.0	40.0	0.0010	0.0750
9	150.0	22.5000	0.0200	0.0750
10	77.5000	22.5000	0.0010	0.0500
11	5.0	22.5000	0.0010	0.0500
12	77.5000	5.0	0.0200	0.0750
13	150.0	40.0	0.0010	0.1000
14	150.0	22.5000	0.0200	0.1000
15	5.0	22.5000	0.0105	0.0500
16	5.0	40.0	0.0200	0.0750
17	150.0	22.5000	0.0105	0.0750
18	77.5000	5.0	0.0010	0.0500
19	150.0	5.0	0.0010	0.0750
20	150.0	40.0	0.0105	0.0500
21	77.5000	5.0	0.0105	0.1000
22	77.5000	5.0	0.0010	0.0750
23	5.0	5.0	0.0200	0.0750
24	5.0	5.0	0.0200	0.0500
25	5.0	5.0	0.0010	0.1000
26	77.5000	40.0	0.0200	0.0500
27	150.0	5.0	0.0010	0.1000
28	5.0	22.5000	0.0010	0.1000
29	77.5000	22.5000	0.0010	0.1000
30	77.5000	22.5000	0.0105	0.0750
31	77.5000	40.0	0.0010	0.0500
32	5.0	22.5000	0.0200	0.0500
33	5.0	22.5000	0.0200	0.1000
34	77.5000	40.0	0.0105	0.0500
35	77.5000	22.5000	0.0105	0.1000
36	150.0	5.0	0.0200	0.0750
37	150.0	40.0	0.0200	0.1000
38	5.0	40.0	0.0010	0.0500
39	5.0	22.5000	0.0105	0.0750
40	5.0	5.0	0.0105	0.0500
41	77.5000	40.0	0.0200	0.1000
42	5.0	5.0	0.0010	0.0500
43	77.5000	40.0	0.0010	0.1000
44	5.0	22.5000	0.0105	0.1000
45	77.5000	40.0	0.0105	0.1000
46	150.0	40.0	0.0010	0.0500
47	150.0	40.0	0.0010	0.0750
48	5.0	40.0	0.0200	0.0500
49	150.0	5.0	0.0105	0.1000
50	150.0	5.0	0.0105	0.0750
51	150.0	5.0	0.0200	0.1000
52	77.5000	5.0	0.0200	0.0500
53	150.0	40.0	0.0200	0.0500
54	5.0	40.0	0.0105	0.0500
55	77.5000	22.5000	0.0105	0.0500
56	150.0	40.0	0.0105	0.1000
57	77.5000	40.0	0.0200	0.0750
58	77.5000	22.5000	0.0200	0.0750
59	150.0	22.5000	0.0105	0.0500
60	5.0	40.0	0.0105	0.1000
61	77.5000	5.0	0.0010	0.1000
62	77.5000	22.5000	0.0010	0.0750
63	150.0	40.0	0.0105	0.0750
64	5.0	5.0	0.0105	0.0750
65	150.0	22.5000	0.0010	0.0500
66	77.5000	22.5000	0.0200	0.0500
67	150.0	5.0	0.0105	0.0500
68	150.0	5.0	0.0200	0.0500
69	150.0	22.5000	0.0200	0.0500
70	77.5000	5.0	0.0105	0.0750
71	150.0	5.0	0.0010	0.0500
72	77.5000	5.0	0.0200	0.1000
73	5.0	40.0	0.0200	0.1000
74	77.5000	40.0	0.0105	0.0750
75	5.0	40.0	0.0105	0.0750
76	5.0	22.5000	0.0010	0.0750
77	5.0	5.0	0.0200	0.1000
78	150.0	22.5000	0.0010	0.0750
79	77.5000	5.0	0.0105	0.0500
80	5.0	5.0	0.0105	0.1000
81	77.5000	40.0	0.0010	0.0750

Literaturverzeichnis

[ARCH65] Archard, J. F.; Cowking, E. W.: Paper 3: Elastohydrodynamic Lubrication at Point Contacts. In: Proceedings of the Institution of Mechanical Engineers, Conference Proceedings, Vol. 180(2), 1965, S. 47–56. issn: 0367-8849. doi: 10.1243/PIME_CONF_1965_180_063_02.

[BARU93] Barus, C.: Isothermals, isopiestics and isometrics relative to viscosity. In: American Journal of Science, Vol. s3-45(266), 1893, S. 87–96. issn: 0002-9599. doi: 10.2475/ajs.s3-45.266.87.

[BATH02] Bathe, K.-J.; Zimmermann, P.: Finite-Elemente-Methoden. 2., vollst. neu bearb. und erw. Aufl. Springer, Berlin, 2002. isbn: 978-3540668060.

[BOUS85] Boussinesq, J.: Application des potentiels à l'étude de l'équilibre et du mouvement des solides élastiques: principalement au calcul des déformations et des pressions que produisent, dans ces solides, des efforts quelconques exercés sur une petite partie de leur surface ou de leur intérieur : mémoire suivi de notes étendues sur divers points de physique, mathematique et d'analyse. Mémoires de la société des sciences, de l'agriculture et des arts de Lille. Gauthier-Villars, 1885.

[BRÄN09] Brändlein, J.: Die Wälzlagerpraxis: Handbuch für die Berechnung und Gestaltung von Lagerungen. 2., unveränd. Nachdr. der korrigierten 3. Aufl. Vereinigte Fachverl., Mainz, 2009. isbn: 3783002907.

[BREC15] Brecher, C.; Habermann, R.; Fey, M.: Dämpfung von Loslagerkomponenten einer Hauptspindel. In: ZWF - Zeitschrift für wirtschaftlichen Fabrikbetrieb, Vol. 110(3), 2015, S. 98–102.

[BREC16] Brecher, C.; Habermann, R., Motschke, T.; Bergs, C.: Dämpfungseigenschaften der SK 40-Schnittstelle: Prüfstand erlaubt Untersuchung bei Berücksichtigung radialer statischer Vorlast. In: VDI-Z, Vol. 158(S I/2016 (Special Werkzeuge + Fertigungstechnik)), 2016, S. 40–43.

[BREC17] Brecher, C.; Neus, S.; Eckel, H.-M.; Motschke, T.; Fey, M.: Frequenzgangmessung an Spindeln unter Drehzahl : Methodik zur messtechnischen Ermittlung absoluter und relativer Frequenzgänge an Spindelsystemen. In: wt Werkstattstechnik online, Vol. 107(5), 2017, S. 318–322.

[BREC19] Brecher, C.; Eckel, H.-M.; Motschke, T.; Fey, M.; Epple, A.: Estimation of the virtual workpiece quality by the use of a spindle-integrated process force measurement. In: CIRP annals, manufacturing technology, Vol. 68(1), 2019, S. 381–384. issn: 1726-0604. doi: 10.1016/j.cirp.2019.04.020.

[BROW79] Brown, D. L.; Allemang, R. J.; Zimmerman, R.; Mergeay; M.: Parameter Estimation Techniques for Modal Analysis. In: SAE Transactions, Vol. 88, 1979, S. 828–846. issn: 0096736X.

[COOL65] Cooley, J. W.; Tukey, J. W.: An Algorithm for the Machine Calculation of Complex Fourier Series. In: Mathematics of Computation, Vol. 19(90), 1965, S. 297. issn: 00255718. doi: 10.2307/2003354.

[COTT84] Cottin, N.; Felgenhauer, H.-P.; Natke, H. G.: On the parameter identification of elastomechanical systems using input and output residuals. In: Ingenieur-Archiv, Vol. 54(5), 1984, S. 378–387. issn: 1432-0681. doi: 10.1007/BF00532820.

[DIET00] Dietl, P.; Wensing, J.; van Nijen, G. C.: Rolling bearing damping for dynamic analysis of multi-body systems—experimental and theoretical results. In: Proceedings of the Institution of Mechanical Engineers, Part K: Journal of Multibody Dynamics, Vol. 214(1), 2000, S. 33–43. issn: 1464-4193. doi: 10.1243/1464419001544124.

[DIET97] Dietl, P.: Damping and Stiffness Characteristics of Rolling Element Bearings - Theory and Experiment: Zugl.: Wien, Techn. Hochsch., Diss., 1997. Wien, Aug. 1997. doi: 10.13140/RG.2.2.18506.29122.

[DOWS78] Dowson, D.: A Central Film Thickness Formula for Elastohydrodynamic Line Contacts, Elastohydrodynamics and Related Topics. In: Proc. 5th Leeds-Lyon Symp., 1978, Vol. 60, 1978.

[DRES12] Dresig, H.; Holzweißig, F.: Maschinendynamik. Springer Berlin Heidelberg, Berlin, Heidelberg, 2012. isbn: 978-3-642-29570-6. doi: 10.1007/978-3-642-29571-3.

[ECKE84] Eckert, L.; Freund, H.; Schilling, W.: Identifikation von Strukturmatrizen aus dynamischen Nachgiebigkeiten. In: VDI-Bericht, Vol. 536, 1984, S. 255–272.

[ELSE76] Elsermans, M.; Hongerloot, M.; Snoeys, R.: Damping in Taper Roller Bearings. In: Proceedings of the Sixteenth International Machine Tool Design and Research Conference. Hrsg. von Koenigsberger, F.; Tobias, S. A. Macmillan Education UK, London, 1976, S. 223–228. isbn: 978-1-349-81546-3. doi: 10.1007/978-1-349-81544-9_33.

[EWIN01] Ewins, D. J.; Inman, D. J., Hrsg.: Structural dynamics @ 2000: current status and future directions ; [SD2000 Forum, Los Alamos, April 1999]. Bd. 11. Mechanical engineering research studies Engineering dynamics series. RSP Research Studies Press, Baldock, Herts., 2001. isbn: 0-86380-251-6.

[FALK19] Falker, J.: Analyse des Betriebsverhaltens von Hochgeschwindigkeits-Wälzlagern unter radialen Lasten: = Analysis of the operating behavior of high-speed rolling element bearings under radial loads. 1. Auflage. Bd. 2019, Band 50. Edition Wissenschaft Apprimus. Apprimus Verlag, Aachen, 2019. isbn: 978-3-86359-799-3.

[FEY15] Fey, M.: Identifikation geeigneter parametrierter Dämpfungsmodelle für Komponenten einer Linearachse: Zugl.: Aachen, Techn. Hochsch., Diss., 2014. 1. Aufl. Bd. 2015,15. Edition Wissenschaft Apprimus. Apprimus-Verl., Aachen, 2015. isbn: 9783863593100.

[GAAD15] Gaad, W.; Wegerhoff, M.; Jacobs, G.; Fruth, T.; Kiekbusch, T.; Sauer, B.: Analyse der Schädigungsmechanismen von Wälzlagern unter externen Vibrationen : FVA Forschungsreport 589 II Einfluss von Vibrationsanregung auf Wälzlager. [s.l.], 2015.

[GOLD03] Gold, P. W.; Loos, J.; Walbeck, T.: »Einfluss von Grundölart, Additivierung und Gebrauchszustand auf Viskositätsverhalten und Schmierfilmbildung : FVA-Projekt Nr. 400 I+II«. In: Forschungsreport 2003 / Forschungsvereinigung Antriebstechnik e.V : vorgelegt anlässlich der Informationstagung des Wissenschaftlichen Beirats der FVA, am 04. und 05. November 2003 in Würzburg. getr. Zählung. + 1 CD-ROM. Forschungsvereinigung Antriebstechnik e. V., Frankfurt am Main, 2003.

[GUIL98] Guillaume, P.; Verboven, P.; Vanlanduit, S.: Frequency domain maximum likelihood identification of modal parameters with confidence intervals. In: Jan. 1998.

[HABC08] Habchi, W.; Eyheramendy, D.; Vergne, P.; Morales-Espejel, G.: A Full-System Approach of the Elastohydrodynamic Line/Point Contact Problem. In: Journal of Tribology, Vol. 130(2), 2008, S. 021501. issn: 07424787. doi: 10.1115/1.2842246.

[HAMR76a] Hamrock, B. J.; Dowson, D.: Isothermal Elastohydrodynamic Lubrication of Point Contacts: Part 1—Theoretical Formulation. In: Journal of Lubrication Technology, Vol. 98(2), 1976, S. 223–228. issn: 0022-2305. doi: 10.1115/1.3452801.

[HAMR76b] Hamrock, B. J.; Dowson, D.: Isothermal Elastohydrodynamic Lubrication of Point Contacts: Part II—Ellipticity Parameter Results. In: Journal of Lubrication Technology, Vol. 98(3), 1976, S. 375–381. issn: 0022-2305. doi: 10.1115/1.3452861.

[HAMR77a] Hamrock, B. J.; Dowson, D.: Isothermal Elastohydrodynamic Lubrication of Point Contacts: Part III—Fully Flooded Results. In: Journal of Lubrication Technology, Vol. 99(2), 1977, S. 264–275. issn: 0022-2305. doi: 10.1115/1.3453074.

[HAMR77b] Hamrock, B. J.; Dowson, D.: Isothermal Elastohydrodynamic Lubrication of Point Contacts: Part IV—Starvation Results. In: Journal of Lubrication Technology, Vol. 99(1), 1977, S. 15–23. issn: 0022-2305. doi: 10.1115/1.3452973.

[HAMR84] Hamrock, B. J.; Jacobson, B. O.: Elastohydrodynamic Lubrication of Line Contacts. In: A S L E Transactions, Vol. 27(4), 1984, S. 275–287. issn: 0569-8197. doi: 10.1080/05698198408981572.

[HARR07] Harris, T. A.; Kotzalas, M. N.: Advanced Concepts of Bearing Technology: Fifth Edition. 5. Aufl. CRC Press, Boca Raton, Florida, 2007.

[HART79] Hartnett, M. J.: The Analysis of Contact Stresses in Rolling Element Bearings. In: Journal of Lubrication Technology, Vol. 101(1), 1979, S. 105–109. issn: 0022-2305. doi: 10.1115/1.3453270.

[HART80] Hartnett, M. J.: A general numerical solution for elastic body contact problems. In: Solid contact and lubrication. Bd. 39. ASME AMD, 1980, S. 51–66.

[HASS19] Hassis, A.: Untersuchung und Verbesserung des Kontaktverhaltens von Kegelrollenlagern bei hohen Drehzahlen; 1. Auflage. Bd. 42/2019. Ergebnisse aus der Produktionstechnik. Dissertation, RWTH Aachen University, 2019. Apprimus Verlag, Aachen, 2019, IX, 161, iv Seiten : Illustrationen, Diagramme. isbn: 978-3-86359-775-7.

[HERT82] Hertz, H.: Ueber die Berührung fester elastischer Körper. In: Journal für die reine und angewandte Mathematik, Vol. 92, 1882, S. 156–171.

[HEYL98] Heylen, W.; Lammens, S.; Sas, P.: Modal Analysis Theory and Testing. Katholieke Universiteit Leuven, Faculty of Engineering, Department of Mechanical Engineering, Division of Production Engineering, Machine Design and Automation, 1998. isbn: 9789073802612.

[JACO11] Jacobs, G.; Plogmann, M., Hrsg.: Tribologie : Vorlesungsumdruck. Herzogenrath, 2011.

[JACO14] Jacobs, W.: Experimental analysis of the dynamic characteristics and lubricant film of a ball bearing under combined static and dynamic load. Faculty of Engineering Science, Leuven, 2014.

[JONE60] Jones, A. B.: A General Theory for Elastically Constrained Ball and Radial Roller Bearings Under Arbitrary Load and Speed Conditions. In: Journal of Basic Engineering, Vol. 82(2), 1960, S. 309–320. issn: 0021-9223. doi: 10.1115/1.3662587.

[KHON17] Khonsari, M. M.; Booser, E. R.: Applied tribology: Bearing design and lubrication. Third edition. Tribology Series. John Wiley & Sons Ltd, Hoboken, NJ, USA, 2017. isbn: 9781118700280. doi: 10.1002/9781118700280.

[KLEI15] Klein, B.: FEM: Grundlagen und Anwendungen der Finite-Element-Methode im Maschinen- und Fahrzeugbau. 10., verb. Aufl. Lehrbuch. Springer Vieweg, Wiesbaden, 2015. isbn: 978-3658060534. doi: 10.1007/978-3-658-06054-1.

[KLUM80] Klumpers, K. J.: Theoretische und experimentelle Bestimmung der Dämpfung spielfreier Radialwälzlager; Als Ms. gedr. Bd. 74. Fortschritt-Berichte der VDI-Zeitschriften : Reihe 1, Konstruktionstechnik, Maschinenelemente. Zugl.: Aachen, Techn. Hochsch., Diss., 1980. VDI-Verl, Düsseldorf, 1980, VIII, 113 S. : Ill., graph. Darst. isbn: 3-18-147401-0.

[KUNC13] Kunc, M.: Identifikation und Modellierung von nichtlinearen Dämpfungseffekten in Vorschubachsen für Werkzeugmaschinen; 1. Aufl. Bd. 2013,11. Ergebnisse aus der Produktionstechnik. Zugl.: Aachen, Techn. Hochsch., Diss., 2013. Apprimus-Verl., Aachen, 2013, VIII, 116 S. : Ill., graph. Darst. isbn: 978-3-86359-120-5.

[LAMB06a] Lambert, R. J.; Pollard, A.; Stone, B. J.: Some characteristics of rolling-element bearings under oscillating conditions. Part 1: Theory and rig design. In: Proceedings of the Institution of Mechanical Engineers, Part K: Journal of Multi-body Dynamics, Vol. 220(3), 2006, S. 157–170. issn: 1464-4193. doi: 10.1243/1464419JMBD12.

[LAMB06b] Lambert, R. J.; Pollard, A.; Stone, B. J.: Some characteristics of rolling-element bearings under oscillating conditions. Part 1: Theory and rig design. In: Proceedings of the Institution of Mechanical Engineers, Part K: Journal of Multi-body Dynamics, Vol. 220(3), 2006, S. 157–170. issn: 1464-4193. doi: 10.1243/1464419JMBD12.

[LAMB06c] Lambert, R. J.; Pollard, A.; Stone, B. J.: Some characteristics of rolling-element bearings under oscillating conditions. Part 2: Experimental results for interference-fitted taper-roller bearings. In: Proceedings of the Institution of Mechanical Engineers, Part K: Journal of Multi-body Dynamics, Vol. 220(3), 2006, S. 171–179. issn: 1464-4193. doi: 10.1243/1464419JMBD13.

[LAMB06d] Lambert, R. J.; Pollard, A.; Stone, B. J.: Some characteristics of rolling-element bearings under oscillating conditions. Part 3: Experimental results for clearance-fitted taper-roller bearings and their relevance to the design of spindles with high dynamic stiffness. In: Proceedings of the Institution of Mechanical Engineers, Part K: Journal of Multi-body Dynamics, Vol. 220(3), 2006, S. 181–190. issn: 1464-4193. doi: 10.1243/1464419JMBD11.

[LIVE67] Livesley, R. K.: The Finite Element Method in Structural and Continuum Mechanics.O. C. Zienkiewicz. McGraw-Hill. 1967. 272 pp. Figures. 84s. In: The Journal of the Royal Aeronautical Society, Vol. 71(681), 1967, S. 659. doi: 10.1017/S0001924000054695.

[LUBR09] Lubrecht, A. A.; Venner, C. H.; Colin, F.: Film thickness calculation in elastohydrodynamic lubricated line and elliptical contacts: The Dowson, Higginson, Hamrock contribution. In: Proceedings of the Institution of Mechanical Engineers, Part J: Journal of Engineering Tribology, Vol. 223(3), 2009, S. 511–515. issn: 1350-6501. doi: 10.1243/13506501JET508.

[MAIA97] Maia, N. M. M.; Montalvão e Silva, J. M.: Theoretical and experimental modal analysis. Bd. 9. Mechanical engineering research studies. Research Studies Press und Wiley, Taunton Somerset England und New York, 1997. isbn: 0471970670.

[MAIE15] Maier, D.: On the Use of Model Order Reduction Techniques for the Elastohydrodynamic Contact Problem. Bd. 27. Schriftenreihe des Instituts für Technische Mechanik. KIT Scientific Publishing, Karlsruhe, 2015. isbn: 978-3-7315-0369-9.

[MARK13] Markert, R.: Strukturdynamik. Mechanik. Shaker, Aachen, 2013. isbn: 978-3-8440-2098-4.

[MERK80] Merker, H. J.: Zusammenhang zwischen Zapfenkraft und Zapfenbewegung beim Kreislager und Kippsegmentlager. Bd. 11. Fortschritts-Berichte der VDI Zeitschriften. VDI, 1980.

[MOES00] Moes: Moes, H. Lubrication and Beyond, Lecture Notes, Code 115531, Twente University Press, Enschede, Netherlands, 2000, 366 p. 2000.

[MÜLL16] Müller, F.: Methoden zur Charakterisierung von Werkzeugschnittstellen unter statischer Last; 1. Auflage. Bd. 16/2016. Ergebnisse aus der Produktionstechnik. Deutsche und englische Zusammenfassung. - Weitere Reihen: Edition Wissenschaft Apprimus. - Werkzeugmaschinen; Dissertation, RWTH Aachen University, 2016. Apprimus Verlag, Aachen, 2016, VIII, 147 Seiten : Illustrationen, Diagramme. isbn: 978-3-86359-426-8.

[NEHE12] Neher, J.; Augsburg, K.; Wender, B.; Kelkel, K.: Rechnerische und experimentelle Untersuchungen der Schallabstrahlung bei Fahrzeuggetrieben: Zugl.: Ilmenau, Techn. Univ., Diss., 2011. Bd. 3. Kraftfahrzeugtechnische Berichte. Univ.-Verl. Ilmenau, Ilmenau, 2012. isbn: 978-3-86360-020-4.

[NIEH15] Niehues, K. K.: Identifikation linearer Dämpfungsmodelle für Werkzeugmaschinenstrukturen. Forschungsberichte IWB. Herbert Utz Verlag, München, 2015. isbn: 9783831645688.

[OPHE86] Ophey, L.: Dämpfungs- und Steifigkeitseigenschaften vorgespannter Schrägkugellager. Bd. Nr. 138. Produktionstechnik WZL : Berichte aus dem Laboratorium für Werkzeugmaschinen und Betriebslehre der RWTH Aachen. VDI Verlag, Düsseldorf, 1986. isbn: 3181438014.

[PEET04] Peeters, B.; van der Auweraer, H.; Guillaume, P.; Leuridan, J.: The PolyMAX frequency-domain method: A new standard for modal parameter estimation? Shock and Vibration. In: Special Issue Dedicated to Professor Bruno Piombo, Vol. 395, 2004.

[PETU83] Petuelli, G.: Theoretische und experimentelle Bestimmung der Steifigkeits- und Dämpfungseigenschaften normalbelasteter Fügestellen. Aachen, Techn. Hochsch., Diss., 1983. Aachen, 1983, VII, 136 S.

[REBE19] Rebelein, C. B.: Prognosefähige Simulation von Dämpfungseffekten in mechatronischen Werkzeugmaschinenstrukturen. Forschungsberichte IWB. München, 2019. isbn: 978-3-8316-4790-3.

[REYN86] Reynolds, O.: Über die Theorie der Schmierung und ihre Anwendung. In: Phil. Trans. Roy. Soc, Vol. 177, 1886, S. 157–234.

[ROCK85] ROCKLIN, G. Y.: A Comparison of H1, H2 and Hv Frequency Response Functions. In: Proceedings of the 3rd International Modal Analysis Conference, 1985, 1985, S. 272–278.

[RODE80] Rodermund, H.: Extrapolierende Berechnung des Viskositätsverlaufes unter hohen Drücken. In: Schmiertechnik und Tribologie, 1980.

[ROSS13] Rossaint, J.: Steigerung der Leistungsfähigkeit von Spindellagern durch optimierte Lagergeometrien: Zugl.: Aachen, Techn. Hochsch., Diss., 2013. 1. Aufl. Bd. 2013,26. Edition Wissenschaft Apprimus. Apprimus-Verl., Aachen, 2013. isbn: 9783863591694.

[SCHA21] Schaeffler Technical Documentation: Technisches Taschenbuch. Hrsg. von Schaeffler Technologies AG & Co. KG. Herzogenaurach, 2021.

[SCHW16] Schwarz, S.: Prognosefähigkeit dynamischer Simulationen von Werkzeugmaschinenstrukturen. Forschungsberichte IWB. Herbert Utz Verlag, 2016. isbn: 9783831645428.

[SHAB13] Shabana, A. A.: Dynamics of multibody systems. Cambridge University Press, Cambridge, 2013. isbn: 9781107337213. doi: 10.1017/CBO9781107337213.

[SIEB17] Siebertz, K.; van Bebber, D.; Hochkirchen, T.: Statistische Versuchsplanung: Design of Experiments (DoE). 2nd ed. VDI-Buch Ser. Vieweg, Berlin, Heidelberg, 2017. isbn: 978-3-662-55742-6.

[STON82] Stone, B.: The state of the art in the measurement of the stiffness and damping of rolling element bearings. In: CIRP Annals, Vol. 31(2), 1982, S. 529–538.

[TÜLL99] Tüllmann, U.: Das Verhalten axial verspannter, schnelldrehender Schrägkugellager. Als Ms. gedr. Bd. Bd. 99,25. Berichte aus der Produktionstechnik. Shaker, Aachen, 1999. isbn: 9783826566820.

[VENN91] Venner, C. H.: Multilevel solution of the EHL line and point contact problems: Proefschrift. C. Venner, Enschede, 1991. isbn: 9789090039749.

[VERE03] Verein Deutscher Ingenieure: VDI 2230 Blatt 1: Systematische Berechnung hochbeanspruchter Schraubenverbindungen : Zylindrische Einschraubenverbindungen. VDI-Richtlinien. VDI-Gesellschaft Entwicklung Konstruktion Vertrieb, 2003.

[WALF83a] Walford, T. L. H.; Stone, B. J.: The Sources of Damping in Rolling Element Bearings under Oscillating Conditions. In: Proceedings of the Institution of Mechanical Engineers, Part C: Journal of Mechanical Engineering Science, Vol. 197(4), 1983, S. 225–232. issn: 0954-4062. doi: 10.1243/PIME_PROC_1983_197_102_02.

[WALF83b] Walford, T. L. H.; Stone, B. J.: The Sources of Damping in Rolling Element Bearings under Oscillating Conditions. In: Proceedings of the Institution of Mechanical Engineers, Part C: Journal of Mechanical Engineering Science, Vol. 197(4), 1983, S. 225–232. issn: 0954-4062. doi: https://doi.org/10.1243/PIME_PROC_1983_197_102_02.

[WENS98] Wensing, J.: On the dynamics of ball bearings. University of Twente, Netherlands, 1998. isbn: 90-36512298.

[WIEG13a] Wiegert, B.; Hetzler, H.; Seemann, W.: A simplified elastohydrodynamic contact model capturing the nonlinear vibration behaviour. In: Tribology International, Vol. 59, 2013, S. 79–89. issn: 0301679X. doi: 10.1016/j.triboint.2012.02.002.

[WIEG13b] Wiegert, B.; Hetzler, H.; Seemann, W.: An analytical expression of the normal force of hydrodynamic line contacts under transient conditions. In: Tribology International, Vol. 61, 2013, S. 32–39. issn: 0301679X. doi: 10.1016/j.triboint.2012.11.023.

[WIEG15] Wiegert, B.: Nichtlineare Schwingungen von Systemen mit elastohydrodynamischen Linienkontakten. Bd. 25. Schriftenreihe des Instituts für Technische Mechanik. KIT Scientific Publishing, Karlsruhe, 2015. isbn: 978-3-7315-0350-7.

[WIJN98] Wijnant, Y. H.: Contact dynamics in the field of elastohydrodynamic lubrication. 1998. isbn: 9789036512237.

[WIJN99a] Wijnant, Y. H.; Venner, C. H.; Larsson, R.; Eriksson, P.: Effects of Structural Vibrations on the Film Thickness in an EHL Circular Contact. In: Journal of Tribology, Vol. 121(2), 1999, S. 259. issn: 07424787. doi: 10.1115/1.2833929.

[WIJN99b] Wijnant, Y. H.; Wensing, J. A.; Nijen, G. C.: THE INFLUENCE OF LUBRICATION ON THE DYNAMIC BEHAVIOUR OF BALL BEARINGS. In: Journal of Sound and Vibration, Vol. 222(4), 1999, S. 579–596. issn: 0022460X. doi: 10.1006/jsvi.1998.2068.

[ZEIL95] Zeillinger, R.: Zum Dämpfungsvermögen von Wälzlagern und Wälzlagerverbindungen. Wien, 1995.

In der Reihe **Ergebnisse aus der Produktionstechnik** zuletzt erschienen:

Ahmad, Mubarik:
Anregungsgerechte Auslegung und Tolerierung schnelllaufender Getriebe unter Berücksichtigung kurz- und langwelliger Verzahnungsabweichungen
ISBN: 978-3-98555-130-9
Erscheinungsdatum: 06.03.2023

Priwisch, Martin:
Kontaktfreie Bahnlaufregelung zur Herstellung funktionaler Mehrlagensysteme in einem kontinuierlichen Laminierprozess
ISBN: 978-3-98555-139-2
Erscheinungsdatum: 27.02.2023

Cremer, Sven:
Controlling der Migration in Produktionsnetzwerken
ISBN: 978-3-98555-145-3
Erscheinungsdatum: 09.02.2023

Ohlert, Marius:
Contact between Abrasive Media and Workpiece in Robot-guided Centrifugal Finishing
ISBN: 978-3-98555- 144-6
Erscheinungsdatum: 07.02.2023

Graberg, Tim:
Operationalisierung von digitalen Schatten im Werkzeugbau
ISBN: 978-3-98555-141-5
Erscheinungsdatum: 06.02.2023

Motschke, Tobias:
Analyse und Modellierung der Dämpfungseigenschaften von Spindellagern
ISBN: 978-3-98555-148-4
Erscheinungsdatum: 06.03.2023

Frye, Maik:
Recommending Data Preprocessing Pipelines for Machine Learning Applications in Production
ISBN: 978-3-98555-147-7
Erscheinungsdatum: 15.02.2023

Schmidhuber, Matthias:
Sozio-technische Problemlösungsfähigkeit von PPS-Systemen
ISBN: 978-3-98555- 143-9
Erscheinungsdatum: 07.02.2023

Schwarberg, Thomas:
Bestimmung der Logik von Innovationsideen für technische Systeme
ISBN: 978-3-98555- 142-2
Erscheinungsdatum: 07.02.2023

Nienheysen, Philipp:
Werkstattgerechte Schadensanalyse in CFK-Strukturbauteilen mit optisch georteter Ultraschallmesstechnik
ISBN: 978-3-98555-136-1
Erscheinungsdatum: 30.01.2023

Edition Wissenschaft
Apprimus

Müller, Tobias:
Modellbildung mittels Symbolischer Regression zur Messunsicherheits-bestimmung komplexer Messprozesse
ISBN: 978-3-98555-146-0
Erscheinungsdatum: 30.01.2023

Kreß, Julian Maximilian:
Erbringung hybrider Leistungsangebote in Wertschöpfungsnetzwerken
ISBN: 978-3-98555-128-6
Erscheinungsdatum: 24.01.2023

Vierschillung, Sebastian Patrick:
Automatisierung der Standortauswahl in der Fabrikplanung
ISBN: 978-3-98555-134-7
Erscheinungsdatum: 09.01.2023

Wenning, Marius:
Kontextabhängige Anomaliedetektion zur visuellen Hinderniserkennung für automatisierte PKW im End-of-Line-Bereich
ISBN: 978-3-98555-121-7
Erscheinungsdatum: 19.12.2022

Kukla, Christian:
Prozesstemperaturregelung in der laserunterstützten Verarbeitung von faserverstärkten thermoplastischen Verbundkunststoffen
ISBN: 978-3-98555-116-3
Erscheinungsdatum: 19.10.2022

Behrens, Jan:
Selbstkalibrierung von 5-Achs-Bearbeitungszentren mit Dreh-/Schwenktisch
ISBN: 978-3-98555-124-8
Erscheinungsdatum: 24.01.2023

Bickendorf, Philipp:
Tribologische und geometrische Auslegung von additiv hergestellten Werkzeug-einsätzen zur Feinblech-umformung
ISBN: 978-3-98555-133-0
Erscheinungsdatum: 24.01.2023

Helbig, Jens:
Typisierung und Auswahl von Referenzstrategien für den Werkzeugeinkauf
ISBN: 978-3-98555-122-4
Erscheinungsdatum: 19.12.2022

Schlegel, Peter:
Bewertung und Optimierung der Vollständigkeit von Betriebsdaten im Kontext der Fehlerprädiktion
ISBN: 978-3-98555-120-0
Erscheinungsdatum: 18.11.2022

Kiesel, Raphael:
Techno-Economic Evaluation of 5G Technology for Latency-Critical Applications in Production
ISBN: 978-3-98555-115-6
Erscheinungsdatum: 19.10.2022

Edition Wissenschaft
Apprimus

FSC
www.fsc.org
MIX
Papier | Fördert gute Waldnutzung
FSC® C083411

Zeitfracht Medien GmbH
Ferdinand-Jühlke-Straße 7
99095 Erfurt, Deutschland
produktsicherheit@kolibri360.de